中等职业学校机电类规划教材

计算机辅助设计与制造系列

AutoCAD 2008 中文版
辅助机械制图

姜勇　主编

杨锡婷　副主编

人民邮电出版社

北　京

图书在版编目（CIP）数据

AutoCAD 2008中文版辅助机械制图 / 姜勇主编. —北京：人民邮电出版社，2009.10（2017.9 重印）
中等职业学校机电类规划教材. 计算机辅助设计与制造系列
ISBN 978-7-115-20229-1

Ⅰ. A… Ⅱ. 姜… Ⅲ. 机械制图：计算机制图—应用软件，AutoCAD 2008—专业学校—教材 Ⅳ. TH126

中国版本图书馆CIP数据核字（2009）第158071号

内 容 提 要

本书结合实例讲解 AutoCAD 应用知识，重点培养学生的 AutoCAD 绘图技能，提高解决实际问题的能力。

全书共 22 讲，主要内容包括 AutoCAD 用户界面及基本操作，创建及设置图层，绘制二维基本对象，编辑图形，书写文字，标注尺寸，计算图形面积及周长，绘制轴套类，盘盖类，叉架类及箱体类零件，绘制装配图，创建三维实体模型和图形输出等。

本书可作为中等职业学校机械、电子及工业设计等专业的"计算机辅助绘图"课程教材，也可作为培训学校用书。

中等职业学校机电类规划教材
计算机辅助设计与制造系列

AutoCAD 2008 中文版辅助机械制图

◆ 主　编　姜　勇

　　副主编　杨锡婷

　　责任编辑　王　平

◆ 人民邮电出版社出版发行　　北京市丰台区成寿寺路 11 号
　　邮编　100164　　电子邮件　315@ptpress.com.cn
　　网址　http://www.ptpress.com.cn
　　北京鑫正大印刷有限公司印刷

◆ 开本：787×1092　1/16
　　印张：14.75　　　　　　　2009 年 10 月第 1 版
　　字数：385 千字　　　　　2017 年 9 月北京第 10 次印刷

ISBN 978-7-115-20229-1

定价：24.00 元

读者服务热线：(010)81055256　印装质量热线：(010)81055316
反盗版热线：(010)81055315

序

我国加入 WTO 以后，国内机械加工行业和电子技术行业得到快速发展。国内机电技术的革新和产业结构的调整成为一种发展趋势。因此，近年来企业对机电人才的需求量逐年上升，对技术工人的专业知识和操作技能也提出了更高的要求。相应地，为满足机电行业对人才的需求，中等职业学校机电类专业的招生规模在不断扩大，教学内容和教学方法也在不断调整。

为了适应机电行业快速发展和中等职业学校机电专业教学改革对教材的需要，我们在全国机电行业和职业教育发展较好的地区进行了广泛调研；以培养技能型人才为出发点，以各地中职教育教研成果为参考，以中职教学需求和教学一线的骨干教师对教材建设的要求为标准，经过充分研讨与论证，精心规划了这套《中等职业学校机电类规划教材》，包括六个系列，分别为《专业基础课程与实训课程系列》、《数控技术应用专业系列》、《模具设计与制造专业系列》、《机电技术应用专业系列》、《计算机辅助设计与制造系列》、《电子技术应用专业系列》。

本套教材力求体现国家倡导的"以就业为导向，以能力为本位"的精神，结合职业技能鉴定和中等职业学校双证书的需求，精简整合理论课程，注重实训教学，强化上岗前培训；教材内容统筹规划，合理安排知识点、技能点，避免重复；教学形式生动活泼，以符合中等职业学校学生的认知规律。

本套教材广泛参考了各地中等职业学校的教学计划，面向优秀教师征集编写大纲，并在国内机电行业较发达的地区邀请专家对大纲进行了多次评议及反复论证，尽可能使教材的知识结构和编写方式符合当前中等职业学校机电专业教学的要求。

在作者的选择上，充分考虑了教学和就业的实际需要，邀请活跃在各重点学校教学一线的"双师型"专业骨干教师作为主编。他们具有深厚的教学功底，同时具有实际生产操作的丰富经验，能够准确把握中等职业学校机电专业人才培养的客观需求；他们具有丰富的教材编写经验，能够将中职教学的规律和学生理解知识、掌握技能的特点充分体现在教材中。

为了方便教学，我们免费为选用本套教材的老师提供教学辅助资源，资源的内容为教材的习题答案、案例素材、部分案例的操作视频等教学相关资料，以求尽量为教学中的各个环节提供便利。老师可登录人民邮电出版社教学服务与资源网（http://www.ptpedu.com.cn）下载教学辅助资源。

我们衷心希望本套教材的出版能促进目前中等职业学校的教学工作，并希望能得到职业教育专家和广大师生的批评与指正，以期通过逐步调整、完善和补充，使之更符合中职教学实际。

欢迎广大读者来电来函。

电子函件地址：fujiao@ptpress.com.cn, wangping@ptpress.com.cn。

读者服务热线：010-67143005。

前　言

AutoCAD 是美国 Autodesk 公司研发的一款优秀的计算机辅助设计及绘图软件，其应用范围遍及机械、建筑、航天、轻工及军事等领域。

本教材是基于目前中职学校在机房授课这一环境而编写的。它突出实用性，注重培养学生的实践能力，与同类教材相比，有以下特色。

(1) 按讲课流程安排教学内容，每讲内容的具体编排方式为"知识点→范例解析→课堂练习→课后作业"，便于教师采取"边讲边练"的方式进行教学。

(2) 强调操作，"以例服人"。通过范例解析介绍 AutoCAD 功能及绘图过程，利用课堂练习提高学生的操作能力及学习兴趣。

(3) 本书专门安排 5 讲内容介绍用 AutoCAD 绘制典型零件图及装配图的方法。通过这部分内容的学习，学生可以了解用 AutoCAD 绘制机械图的特点，并掌握一些实用的作图技巧，从而提高解决实际问题的能力。

本课程的教学时数为 72 学时，各讲的教学课时可参考下面的课时分配表。

讲节	课程内容	课 时 分 配	
		讲授	实践训练
第 1 讲	AutoCAD 绘图环境及基本操作	1	1
第 2 讲	绘制及编辑线段（一）	1	3
第 3 讲	绘制及编辑线段（二）	1	3
第 4 讲	绘制及编辑平行线、多段线及构造线	1	3
第 5 讲	绘制圆及圆弧连接	1	3
第 6 讲	绘制及编辑矩形、多边形及椭圆	1	3
第 7 讲	绘制对称图形及有均布特征的图形	1	3
第 8 讲	绘制有剖面图案的图形	1	2
第 9 讲	对齐对象及改变已有对象大小	1	3
第 10 讲	关键点编辑方式及修改对象属性	1	1
第 11 讲	绘制及编辑多线、点对象、圆环及面域	1	1
第 12 讲	书写及编辑文字	1	2
第 13 讲	标注尺寸	1	3
第 14 讲	信息查询、图块及外部参照	1	1
第 15 讲	轴套类零件	1	3
第 16 讲	盘盖类零件	1	3
第 17 讲	叉架类零件	1	3
第 18 讲	箱体类零件	1	3
第 19 讲	装配图	1	1
第 20 讲	打印图形	1	1
第 21 讲	三维建模	1	2
第 22 讲	编辑三维模型	1	2
课 时 总 计		22	50

　　本书由姜勇任主编，杨锡婷任副主编，参加编写工作的还有沈精虎、黄业清、宋一兵、谭雪松、向先波、冯辉、郭英文、计晓明、董彩霞、郝庆文、滕玲、管振起。本书由梁銶琚职业技术学校陈移新老师、常州刘国钧高等职业技术学校王猛老师、镇江机电高等职业技术学校赵光霞老师和陈风明老师、重庆工业学校柴彬堂老师、成都市工业学校李权老师、武汉市机电工程学校宋天齐老师、山东省轻工工程学校王桂莲老师审稿，在此一并表示感谢。

　　由于编者水平有限，书中难免存在疏漏之处，敬请读者批评指正。

编　者

2009 年 7 月

目　录

第**1**讲

AutoCAD 绘图环境及基本操作

【学习目标】

- AutoCAD 用户界面的组成。
- 调用 AutoCAD 命令的方法。

• 选择对象的常用方法。	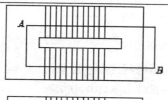 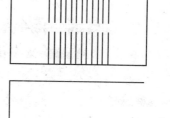
• 快速缩放、移动图形及全部缩放图形。	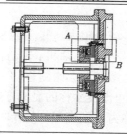 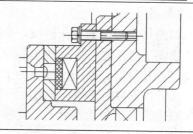

- 重复命令和取消已执行的操作。

• 图层、线型及线宽等。	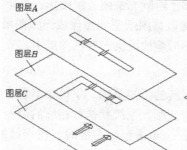

1.1　了解用户界面及学习基本操作

本节介绍 AutoCAD 用户界面的组成，并讲解常用的一些基本操作。

1.1.1　AutoCAD 用户界面

启动 AutoCAD 2008 后，其用户界面如图 1-1 所示，主要由标题栏、绘图窗口、菜单栏、工具栏、面板、命令提示窗口和状态栏等部分组成，下面分别介绍各部分的功能。

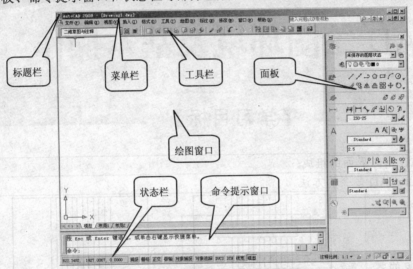

图1-1　AutoCAD 用户界面

一、　标题栏

标题栏在程序窗口的最上方，它显示了 AutoCAD 的程序图标及当前所操作的图形文件名称及路径。

二、　绘图窗口

绘图窗口是用户绘图的工作区域，该区域无限大，其左下方有一个表示坐标系的图标，此图标指示了绘图区的方位。图标中的箭头分别指示 x 轴和 y 轴的正方向。

当移动鼠标指针时，绘图区域中的十字形光标会跟随移动，与此同时在绘图区底部的状态栏中将显示指针点的坐标读数。单击该区域可改变坐标的显示方式。

绘图窗口包含了两种绘图环境，一种称为模型空间，另一种称为图纸空间。在此窗口底部有 3 个选项卡 模型 布局1 布局2，默认情况下，【模型】选项卡是按下的，表明当前绘图环境是模型空间，用户在这里一般按实际尺寸绘制二维或三维图形。当单击【布局 1】或【布局 2】选项卡时，就切换至图纸空间。用户可以将图纸空间想象成一张图纸（系统提供的模拟图纸），可在这张图纸上将模型空间的图样按不同缩放比例布置在图纸上。

三、　下拉菜单和快捷菜单

单击菜单栏中的主菜单，弹出对应的下拉菜单。下拉菜单包含了 AutoCAD 的核心命令和功能，通过鼠标指针选择菜单中的某个选项，系统就执行相应的命令。

另一种形式的菜单是快捷菜单，当单击鼠标右键时，在指针的位置上将出现快捷菜单。快捷菜单提供的命令选项与指针的位置及系统的当前状态有关。

四、 工具栏

工具栏包含了许多命令按钮，只需单击某个按钮，AutoCAD 就执行相应命令。有些按钮是单一型的，有些则是嵌套型的（按钮图标右下角带有小黑三角形）。在嵌套型按钮上按住鼠标左键，将弹出嵌套的命令按钮。

用户可移动工具栏或改变工具栏的形状。将光标箭头移动到工具栏边缘或双线处，按下鼠标左键并拖动鼠标指针，工具栏就随指针移动；将指针放置在拖出的工具栏的边缘，指针变成双面箭头，按住鼠标左键，拖动鼠标指针，工具栏形状就发生变化。

也可打开或关闭工具栏。将光标移动到任一个工具栏上，单击鼠标右键，弹出快捷菜单，如图 1-2 所示，该菜单列出了所有工具栏的名称。若名称前带有"√"标记，则表示该工具栏已打开。选取菜单上某一选项，即可打开或关闭相应的工具栏。

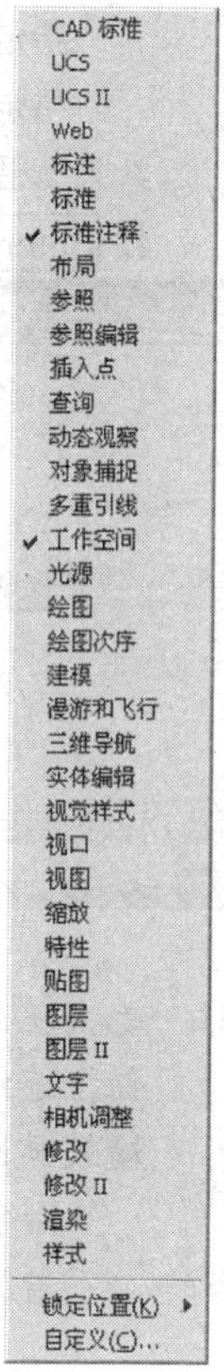

五、 面板

【面板】是一种特殊形式的选项板，它由工具按钮及一些功能控件组成，选择菜单命令【工具】/【选项板】/【面板】即可打开或关闭它。

六、 命令提示窗口

命令提示窗口位于 AutoCAD 程序窗口的底部，用户输入的命令、系统的提示及相关信息都反映在此窗口中。默认情况下，该窗口仅显示两行，将鼠标指针放在窗口的上边缘，光标变成双面箭头，按住鼠标左键向上拖动鼠标指针就可以增加命令窗口显示的行数。

按 F2 键打开命令提示窗口，再次按 F2 键则又可关闭此窗口。

图1-2　快捷菜单

七、 状态栏

状态栏上将显示绘图过程中的许多信息，如十字形光标的坐标值、一些提示文字等。

1.1.2　用 AutoCAD 绘图的基本过程

下面通过一个练习演示用 AutoCAD 绘制图形的基本过程。

图1-3　【选择样板】对话框

【练习1-1】　用 AutoCAD 绘制一个简单图形。

1. 启动 AutoCAD 2008。
2. 选择菜单命令【文件】/【新建】，打开【选择样板】对话框，如图 1-3 所示。该对话框中列出了用于创建新图形的样板文件，默认的样板文件是"acadiso.dwt"。单击 打开(O) 按钮开始绘制新图形。
3. 程序窗口上部的下拉列表显示"二维草图与注释"选项，表明现在处于"二维草图与注释"工作空间。按下程序窗口底部的 极轴 、对象捕捉 及 对象追踪 按钮，注意，不要按下 DYN 按钮。
4. 单击程序窗口右边【面板】上的 ╱ 按钮，AutoCAD 提示如下。

    命令: _line 指定第一点:　　　　　　//单击 A 点，如图 1-4 所示
    指定下一点或 [放弃(U)]: 520　　　//向下移动鼠标指针，输入线段长度并按 Enter 键
    指定下一点或 [放弃(U)]: 300　　　//向右移动鼠标指针，输入线段长度并按 Enter 键

指定下一点或 [闭合(C)/放弃(U)]：130//向下移动鼠标指针，输入线段长度并按 Enter 键

指定下一点或 [闭合(C)/放弃(U)]：800//向右移动鼠标指针，输入线段长度并按 Enter 键

指定下一点或 [闭合(C)/放弃(U)]：c　//输入选项"C"，按 Enter 键结束命令

结果如图 1-4 所示。

5.　按 Enter 键重复画线命令，绘制线段 BC，如图 1-5 所示。

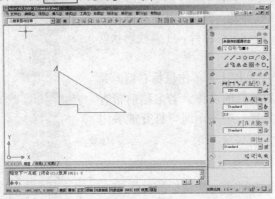

图1-4　绘制线段

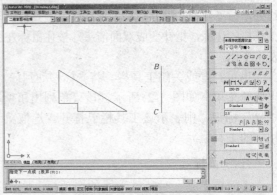

图1-5　绘制线段 BC

6.　单击程序窗口上部的 🖝 按钮，线段 BC 消失，再单击该按钮，连续折线也消失。单击 🖝 按钮，连续折线又显示出来，继续单击该按钮，线段 BC 也显示出来。

7.　输入画圆命令全称 CIRCLE 或简称 C，AutoCAD 提示如下。

命令：CIRCLE　　　　　　　　　　　　　　　　//输入命令，按 Enter 键确认

指定圆的圆心或 [三点(3P)/两点(2P)/相切、相切、半径(T)]：

　　　　　　　　　　　　　　　　　　　　//单击 D 点，指定圆心，如图 1-6 所示

指定圆的半径或 [直径(D)]：150　　　　　　　//输入圆半径，按 Enter 键确认

结果如图 1-6 所示。

8.　单击程序窗口右边【面板】上的 ⊙ 按钮，AutoCAD 提示如下。

命令：_circle 指定圆的圆心或 [三点(3P)/两点(2P)/相切、相切、半径(T)]：

　　　//将鼠标指针移动到端点 E 处，系统自动捕捉该点，单击鼠标左键确认，如图 1-7 所示

指定圆的半径或 [直径(D)] <100.0000>：200　　　　　//输入圆半径，按 Enter 键

结果如图 1-7 所示。

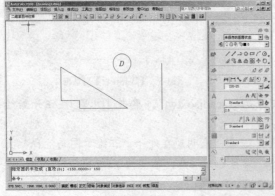

图1-6　画圆（1）

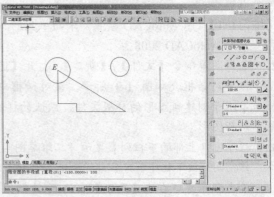

图1-7　画圆（2）

9.　打开程序窗口上部的下拉列表，选择【AutoCAD 经典】选项，进入"AutoCAD 经典"工作空间，观察程序界面的变化。再选择【二维草图与注释】选项，又返回"二维草图与注

释"工作空间。

10. 单击程序窗口右边【面板】上的 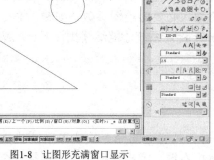 按钮，鼠标指针变成手的形状 ，按住鼠标左键向右拖动鼠标指针，直至图形不可见为止，按 Esc 键或 Enter 键退出。

11. 单击程序窗口右边【面板】上的 按钮，图形又全部显示在窗口中，如图 1-8 所示。

12. 单击程序窗口右侧【面板】上的 按钮，鼠标指针变成放大镜形状 ，此时按住鼠标左键向下拖动鼠标指针，图形缩小，如图 1-9 所示，按 Esc 键或 Enter 键退出。

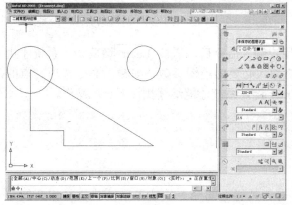

图1-8 让图形充满窗口显示　　　　　　　　　　　图1-9 缩小图形

13. 单击程序窗口右侧【面板】上的 按钮（删除对象），AutoCAD 提示如下。

　　命令: _erase

　　选择对象:　　　　　　　　　　　　　//单击 F 点，如图 1-10 左图所示

　　指定对角点: 找到 4 个　　　　　　　//向右下方移动鼠标指针，出现一个实线矩形窗口

　　　　　　//在 G 点处单击一点，矩形窗口内的对象被选中，被选对象变为虚线

　　选择对象:　　　　　　　　　　　　　//按 Enter 键删除对象

　　命令:ERASE　　　　　　　　　　　　//按 Enter 键重复命令

　　选择对象:　　　　　　　　　　　　　//单击 H 点

　　指定对角点: 找到 2 个　　　　　　　//向左下方移动鼠标指针，出现一个虚线矩形窗口

　　　　　　//在 I 点处单击一点，矩形窗口内及与该窗口相交的所有对象都被选中

　　选择对象:　　　　　　　　　　　　　//按 Enter 键删除圆和线段

　结果如图 1-10 右图所示。

14. 选择菜单命令【文件】/【另存为】，弹出【图形另存为】对话框，在该对话框的【文件名】文本框中输入新文件名。该文件默认类型为"dwg"，若想更改，可在【文件类型】下拉列表中选择其他类型。

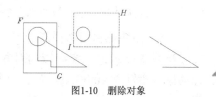

图1-10 删除对象

1.1.3 调用命令

　　启动 AutoCAD 命令的方法一般有两种：一种是在命令行中输入命令全称或简称，另一种是用鼠标指针选择一个菜单命令或单击工具栏中的命令按钮。

一、 使用键盘发出命令

在命令行中输入命令全称或简称就可以使系统执行相应的命令。

一个典型的命令执行过程如下。

```
命令：circle                        //输入命令全称 CIRCLE 或简称 C，按 Enter 键
指定圆的圆心或 [三点(3P)/两点(2P)/相切、相切、半径(T)]：  90,100
                                    //输入圆心的 x、y 坐标，按 Enter 键
指定圆的半径或 [直径(D)] <50.7720>: 70    //输入圆半径，按 Enter 键
```

(1) 方括弧 "[ ]" 中以 "/" 隔开的内容表示各个选项。若要选择某个选项，则需输入圆括号中的字母，可以是大写形式，也可以是小写形式。例如，想通过 3 点画圆，就输入 "3P"。

(2) 尖括号 "<>" 中的内容是当前默认值。

AutoCAD 的命令执行过程是交互式的。当用户输入命令后，需按 Enter 键确认，系统才执行该命令。而执行过程中，系统有时要等待用户输入必要的绘图参数，如输入命令选项、点的坐标或其他几何数据等，输入完成后，也要按 Enter 键，系统才能继续执行下一步操作。

要点提示　当使用某一命令时按 F1 键，系统将显示该命令的帮助信息。

二、利用鼠标发出命令

用鼠标指针选择主菜单中的命令选项或单击工具栏上的命令按钮，系统就执行相应的命令。此外，在命令启动前或执行过程中，单击鼠标右键，弹出快捷菜单，选择一个选项，启动相应命令。

利用 AutoCAD 绘图时，用户多数情况下是通过鼠标发出命令的。鼠标各按键定义如下。

- 左键：拾取键，用于单击工具栏按钮及选取菜单选项以发出命令，也可在绘图过程中指定点和选择图形对象等。
- 右键：一般作为回车键，命令执行完成后，常单击鼠标右键来结束命令。在有些情况下，单击鼠标右键将弹出快捷菜单，该菜单上有【确认】选项。
- 滚轮：转动滚轮，将放大或缩小图形，默认情况下，缩放增量为 10%。按住滚轮并拖动鼠标指针，则平移图形。

1.1.4　选择对象的常用方法

用户在使用编辑命令时，选择的多个对象将构成一个选择集。系统提供了多种构造选择集的方法。默认情况下，用户可以逐个地拾取对象或是利用矩形、交叉窗口一次选取多个对象。

一、用矩形窗口选择对象

当系统提示选择要编辑的对象时，用户在图形元素的左上角或左下角单击一点，然后向右拖动鼠标指针，AutoCAD 显示一个实线矩形窗口，让此窗口完全包含要编辑的图形实体，再单击一点，则矩形窗口中所有对象（不包括与矩形边相交的对象）被选中，被选中的对象将以虚线形式表示出来。

下面通过 ERASE 命令来演示这种选择方法。

【练习1-2】　用矩形窗口选择对象。

打开素材文件 "1-2.dwg"，如图 1-11 左图所示。用 ERASE 命令将左图修改为右图。

```
命令：_erase
选择对象：                    //在 A 点处单击一点，如图 1-11 左图所示
指定对角点：找到 6 个          //在 B 点处单击一点
```

选择对象：   //按 Enter 键结束

结果如图 1-11 右图所示。

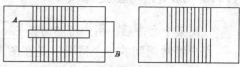

图1-11 利用矩形窗口选择对象

二、用交叉窗口选择对象

当 AutoCAD 提示"选择对象"时，在要编辑的图形元素右上角或右下角单击一点，然后向左拖动鼠标指针，此时出现一个虚线矩形框，使该矩形框包含被编辑对象的一部分，而让其余部分与矩形框边相交，再单击一点，则框内的对象和与框边相交的对象全部被选中。

下面通过 ERASE 命令来演示这种选择方法。

【练习1-3】 用交叉窗口选择对象。

打开素材文件"1-3.dwg"，如图 1-12 左图所示。用 ERASE 命令将左图修改为右图。

命令：_erase

选择对象：   //在 C 点处单击一点，如图 1-12 左图所示

指定对角点：找到 31 个 //在 D 点处单击一点

选择对象：   //按 Enter 键结束

结果如图 1-12 右图所示。

三、给选择集添加或去除对象

编辑过程中，用户构造选择集常常不能一次完成，需向选择集中添加或从选择集中删除对象。在添加对象时，可直接选取或利用矩形窗口、交叉窗口选择要加入的图形元素。若要删除对象，可先按住 Shift 键，再从选择集中选择要清除的多个图形元素。

下面通过 ERASE 命令来演示修改选择集的方法。

【练习1-4】 修改选择集。

打开素材文件"1-4.dwg"，如图 1-13 左图所示。用 ERASE 命令将左图修改为右图。

命令：_erase   //在 A 点处单击一点，如图 1-13 左图所示

选择对象：指定对角点：找到 25 个 //在 B 点处单击一点

选择对象：找到 1 个，删除 1 个 //按住 Shift 键，选取线段 C，该线段从选择集中去除

选择对象：找到 1 个，删除 1 个 //按住 Shift 键，选取线段 D，该线段从选择集中去除

选择对象：找到 1 个，删除 1 个 //按住 Shift 键，选取线段 E，该线段从选择集中去除

选择对象：   //按 Enter 键结束

结果如图 1-13 右图所示。

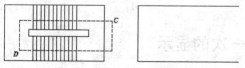

图1-12 利用交叉窗口选择对象

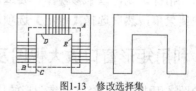

图1-13 修改选择集

1.1.5 删除对象

ERASE 命令用来删除图形对象，该命令没有任何选项。要删除一个对象，用户可以用鼠标指针先选择该对象，然后单击【修改】工具栏上的 按钮，或输入命令 ERASE（命令简称 E）。也可先发出删除命令，再选择要删除的对象。

1.1.6 撤销和重复命令

发出某个命令后，用户可随时按 Esc 键终止该命令。此时，系统又返回到命令行。

用户经常遇到的一个情况，是在图形区域内偶然选择了图形对象，该对象上出现了一些高亮的小框，这些小框被称为关键点，可用于编辑对象（在第 4 讲中将详细介绍），要取消这些关键点，按 Esc 键即可。

在绘图过程中，用户会经常重复使用某个命令，重复刚使用过的命令的方法是直接按 Enter 键。

1.1.7 取消已执行的操作

在使用 AutoCAD 绘图的过程中，不可避免地会出现各种各样的错误，用户要修正这些错误可使用 UNDO 命令或单击【标准】工具栏上的 按钮。如果想要取消前面执行的多个操作，可反复使用 UNDO 命令或反复单击 按钮。此外，也可打开【标准】工具栏上的【放弃】下拉列表（单击 按钮右边的 按钮），然后选择要放弃的几个操作。

当取消一个或多个操作后，若又想恢复原来的效果，用户可使用 MREDO 命令或单击【标准】工具栏上的 按钮。此外，也可打开【标准】工具栏上的【重做】下拉列表（单击 按钮右边的 按钮），然后选择要恢复的几个操作。

1.1.8 快速缩放及移动图形

AutoCAD 的图形缩放及移动功能是很完备的，使用起来也很方便。绘图时，经常通过【标准】工具栏或二维绘图【面板】上的 、 按钮来完成这两项功能。

一、 通过 按钮缩放图形

单击 按钮，AutoCAD 进入实时缩放状态，鼠标指针变成放大镜形状 ，此时按住鼠标左键向上拖动鼠标指针，就可以放大视图，向下拖动鼠标指针就缩小视图。要退出实时缩放状态，可按 Esc 键、Enter 键或单击鼠标右键打开快捷菜单，然后选择【退出】选项。

二、 通过 按钮平移图形

单击 按钮，AutoCAD 进入实时平移状态，鼠标指针变成手的形状 ，此时按住鼠标左键并拖动鼠标指针，就可以平移视图。要退出实时平移状态，可按 Esc 键、Enter 键或单击鼠标右键打开快捷菜单，然后选择【退出】选项。

1.1.9 利用矩形窗口放大视图及返回上一次的显示

在绘图过程中，用户经常要将图形的局部区域放大，以方便绘图。绘制完成后，又要返回上一次的显示，以观察图形的整体效果。利用【标准】工具栏或二维绘图【面板】上的 、 （【面板】上为 按钮）按钮可实现这两项功能。

(1) 通过 按钮放大局部区域

单击 按钮，AutoCAD 提示"指定第一个角点:"，拾取 A 点，再根据 AutoCAD 的提示拾取 B 点，如图 1-14 左图所示。矩形框 AB 是设定的放大区域，其中心是新的显示中心，系统将尽可能地将该矩形内的图形放大以充满整个程序窗口，图 1-14 右图显示了放大后的效果。

(2) 通过 ![]按钮返回上一次的显示

单击 ![]按钮，AutoCAD 将显示上一次的视图。若用户连续单击此按钮，则系统将恢复前几次显示过的图形（最多 10 次）。绘图时，常利用此项功能返回到原来的某个视图。

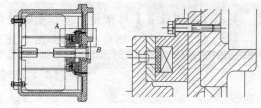

图1-14 放大局部区域

1.1.10 将图形全部显示在窗口中

绘图过程中，有时需将图形全部显示在程序窗口中。要实现这个目标，可选取菜单命令【视图】/【缩放】/【范围】，或单击【标准】工具栏上的 ![]按钮（该按钮嵌套在 ![]按钮中）。

1.1.11 设定绘图区域的大小

AutoCAD 的绘图空间是无限大的，但用户可以设定在程序窗口中显示出的绘图区域的大小。绘图时，事先对绘图区域的大小进行设定将有助于用户了解图形分布的范围。当然，也可在绘图过程中随时缩放（使用 ![]按钮）图形以控制其在屏幕上显示的效果。

设定绘图区域大小有以下两种方法。

- 将一个圆充满整个程序窗口显示出来，依据圆的尺寸就能轻易地估计出当前绘图区域的大小了。

【练习1-5】 设定绘图区域的大小。

1. 单击程序窗口右边【面板】上的 ![]按钮，AutoCAD 提示如下。

    命令：_circle 指定圆的圆心或 [三点(3P)/两点(2P)/相切、相切、半径(T)]:
    　　　　　　　　　　　　　　　　//在屏幕的适当位置单击一点
    指定圆的半径或 [直径(D)]: 50　　　//输入圆半径

2. 选取菜单命令【视图】/【缩放】/【范围】，或单击【标准】工具栏上的 ![]按钮，直径为100 的圆充满整个绘图窗口显示出来，如图 1-15 所示。

- 用 LIMITS 命令设定绘图区域的大小。该命令可以改变栅格的长宽尺寸及位置。所谓栅格是点在矩形区域中按行、列形式分布形成的图案，如图 1-16 所示。当栅格在程序窗口中显示出来后，用户就可根据栅格分布的范围估算出当前绘图区域的大小了。

【练习1-6】 用 LIMITS 命令设定绘图区域的大小。

1. 选择菜单命令【格式】/【图形界限】，AutoCAD 提示如下。

    命令：'_limits
    指定左下角点或 [开(ON)/关(OFF)] <0.0000,0.0000>:
    　　　　　　　　　　　　　　//单击 A 点，如图 1-16 所示
    指定右上角点 <420.0000,297.0000>: @300,200
    　　　//输入 B 点相对于 A 点的坐标，按 Enter 键（在 2.1.1 小节中将介绍相对坐标）

2. 选择菜单命令【视图】/【缩放】/【范围】，或单击【标准】工具栏上的 ![]按钮，则当前绘图窗口长宽尺寸近似为 300×200。

3. 将鼠标指针移动到程序窗口下方的 栅格 按钮上，单击鼠标右键，打开【草图设置】对话框，取消【显示超出界线的栅格】选项。

4. 关闭【草图设置】对话框，单击 栅格 按钮，打开栅格显示。再单击二维绘图【面板】上的 按钮，适当缩小栅格，结果如图 1-16 所示，该栅格的长宽尺寸为 300×200。

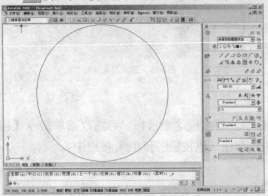

图1-15　设定绘图区域大小

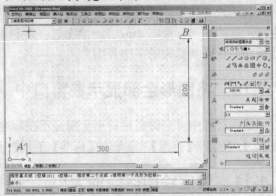

图1-16　设定并显示绘图区域的大小

1.1.12　课堂练习——布置用户界面及设定绘图区域大小

【练习1-7】　布置用户界面，练习 AutoCAD 基本操作。

1. 启动 AutoCAD，打开【绘图】及【修改】工具栏并调整工具栏的位置，关闭二维绘图【面板】，新的用户界面如图 1-17 所示。

2. 利用 AutoCAD 提供的样板文件 "Acad.dwt" 创建新文件。

3. 打开程序窗口上部【工作空间】工具栏中的下拉列表，选择【AutoCAD 经典】选项，进入 "AutoCAD 经典" 工作空间。

4. 设定绘图区域的大小为 1500×1200。打开栅格显示，单击【标准】工具栏上的 按钮使栅格充满整个图形窗口显示出来。

图1-17　布置用户界面

5. 单击【绘图】工具栏上的 按钮，AutoCAD 提示如下。

　　命令: _circle 指定圆的圆心或 [三点(3P)/两点(2P)/相切、相切、半径(T)]:

　　　　　　　　　　　　　　　　　　　　//在屏幕上单击一点

　　指定圆的半径或 [直径(D)] <30.0000>: 1　　//输入圆半径

　　命令:　　　　　　　　　　　　　　　//按 Enter 键重复上一个命令

　　CIRCLE 指定圆的圆心或 [三点(3P)/两点(2P)/相切、相切、半径(T)]:

　　　　　　　　　　　　　　　　　　　　//在屏幕上单击一点

　　指定圆的半径或 [直径(D)] <1.0000>: 5　　//输入圆半径

　　命令:　　　　　　　　　　　　　　　//按 Enter 键重复上一个命令

　　CIRCLE 指定圆的圆心或 [三点(3P)/两点(2P)/相切、相切、半径(T)]: *取消*

　　　　　　　　　　　　　　　　　　　　//按 Esc 键取消命令

6. 单击【标准】工具栏上的 按钮使圆充满整个绘图窗口。

7. 利用【标准】工具栏上的 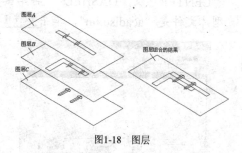 、 按钮移动和缩放图形。

8. 以文件名 "User.dwg" 保存图形。

1.2 设置图层、线型、线宽及颜色

可以将 AutoCAD 图层想象成透明胶片，用户把各种类型的图形元素画在这些胶片上，AutoCAD 将这些胶片叠加在一起显示出来，如图 1-18 所示。在图层 A 上绘制了挡板，图层 B 上画了支架，图层 C 上绘有螺钉，最终显示结果是各层内容叠加后的效果。

图1-18 图层

1.2.1 创建及设置机械图的图层

AutoCAD 的图形对象总是位于某个图层上。默认情况下，当前层是 0 层，此时所画图形对象在 0 层上。每个图层都有与其相关联的颜色、线型及线宽等属性信息，用户可以对这些信息进行设定或修改。

【练习1-8】 创建以下图层并设置图层线型、线宽及颜色。

名称	颜色	线型	线宽
轮廓线层	白色	Continuous	0.5
中心线层	红色	Center	默认
虚线层	黄色	dashed	默认
剖面线层	绿色	Continuous	默认
尺寸标注层	绿色	Continuous	默认
文字说明层	绿色	Continuous	默认

1. 单击【图层】工具栏上的 按钮，打开【图层特性管理器】对话框，再单击 按钮，列表框显示出名称为 "图层 1" 的图层，直接输入 "轮廓线层"，按 Enter 键结束。

2. 再次按 Enter 键，又创建新图层。总共创建 6 个图层，结果如图 1-19 所示。图层 "0" 前有绿色标记 "√"，表示该图层是当前层。

3. 指定图层颜色。选中 "中心线层"，单击与所选图层关联的图标■白色，打开【选择颜色】对话框，选择红色，如图 1-20 所示。再设置其他图层的颜色。

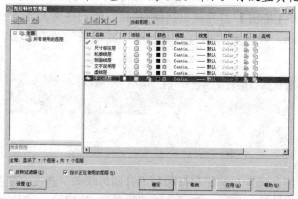

图1-19 【图层特性管理器】对话框

图1-20 【选择颜色】对话框

4. 给图层分配线型。默认情况下，图层线型是"Continuous"。选中"中心线层"，单击与所选图层关联的"Continuous"，打开【选择线型】对话框，如图 1-21 所示，通过此对话框用户可以选择一种线型或从线型库文件中加载更多线型。

5. 单击 加载(L)... 按钮，打开【加载或重载线型】对话框，如图 1-22 所示。选择线型"CENTER"及"DASHED"，再单击 确定 按钮，这些线型就被加载到系统中。当前线型库文件是"acadiso.lin"，单击 文件(F)... 按钮，可选择其他的线型库文件。

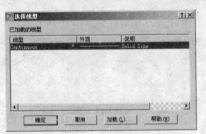

图1-21　【选择线型】对话框

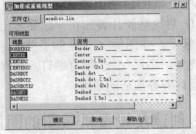

图1-22　【加载或重载线型】对话框

6. 返回【选择线型】对话框，选择"CENTER"，单击 确定 按钮，该线型就分配给"中心线层"。用相同的方法将"DASHED"线型分配给"虚线层"。

7. 设定线宽。选中"轮廓线层"，单击与所选图层关联的图标 —— 默认，打开【线宽】对话框，指定线宽为 0.5mm，如图 1-23 所示。

要点提示 如果要使图形对象的线宽在模型空间中显示得更宽或更窄一些，可以调整线宽比例。在状态栏的 线宽 按钮上单击鼠标右键，弹出快捷菜单，选择【设置】选项，打开【线宽设置】对话框，如图 1-24 所示，在【调整显示比例】分组框中移动滑块来改变显示比例值。

图1-23　【线宽】对话框

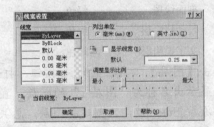

图1-24　【线宽设置】对话框

8. 指定当前层。选中"轮廓线层"，单击 ✓ 按钮，图层前出现绿色标记"√"，说明"轮廓线层"变为当前层。

9. 关闭【图层特性管理器】对话框，单击【绘图】工具栏上的 ╱ 按钮，绘制任意几条直线，这些线条的颜色为绿色，线宽为 0.5mm。再设定"中心线层"或"虚线层"为当前层，绘制直线，观察效果。

要点提示 中心线及虚线中的短划线及空格大小可通过线型全局比例因子（LTSCALE）调整。

1.2.2　控制图层状态

每个图层都具有打开与关闭、冻结与解冻、锁定与解锁和打印与不打印等状态，通过改变图层状态，就能控制图层上对象的可见性及可编辑性等。用户可通过【图层特性管理器】对话框对图层状态进行控制，如图 1-25 所示，单击【图层】工具栏上的 ≋ 按钮就可打开此对话框。

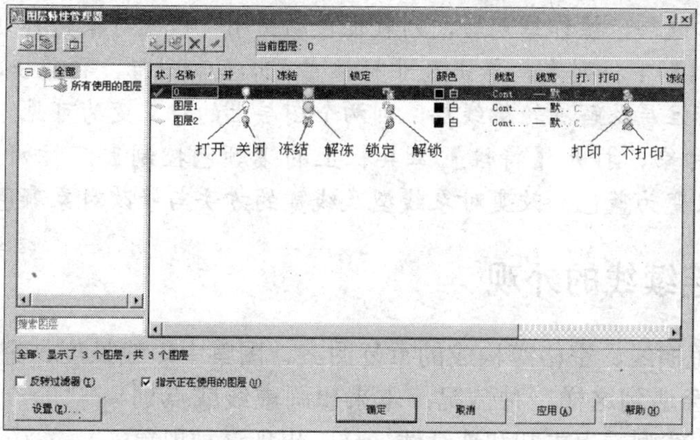

图1-25　图层状态

以下对图层状态作简要说明。

- 打开/关闭：单击 💡 图标，将关闭或打开某一图层。打开的图层是可见的，而关闭的图层则不可见，也不能被打印。当图形重新生成时，被关闭的层将一起被生成。
- 解冻/冻结：单击 ◯ 图标，将冻结或解冻某一图层。解冻的图层是可见的，冻结的图层为不可见，也不能被打印。当重新生成图形时，系统不再重新生成该层上的对象，因而冻结一些图层后，可以加快许多操作的速度。
- 解锁/锁定：单击 🔒 图标，将锁定或解锁图层。被锁定的图层是可见的，但图层上的对象不能被编辑。
- 打印/不打印：单击 🖨 图标，就可设定图层是否被打印。

1.2.3　修改对象图层、颜色、线型和线宽

　　用户通过【特性】工具栏可以方便地修改或设置对象的颜色、线型及线宽等属性。默认情况下，该工具栏的【颜色控制】、【线型控制】和【线宽控制】等 3 个列表框中显示"ByLayer"，如图 1-26 所示。"ByLayer"的意思是所绘对象的颜色、线型及线宽等属性与当前层所设定的完全相同。

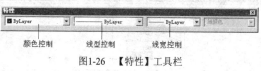

图1-26　【特性】工具栏

　　当设置将要绘制的对象的颜色、线型及线宽等属性时，可直接在【颜色控制】、【线型控制】和【线宽控制】下拉列表中选择相应选项。

　　若要修改已有对象的颜色、线型及线宽等属性时，可先选择对象，然后在【颜色控制】、【线型控制】和【线宽控制】下拉列表中选择新的颜色、线型及线宽即可。

【练习1-9】　控制图层状态、切换图层、修改对象所在的图层及改变对象线型和线宽。

1. 打开素材文件 "1-9.dwg"。
2. 打开【图层】工具栏中的【图层控制】下拉列表，单击尺寸标注层前面的 💡 图标，然后将鼠标指针移出下拉列表并单击一点，关闭图层，则该层上的对象变为不可见。
3. 打开【图层控制】下拉列表，单击轮廓线层前面的 ◯ 图标，然后将鼠标指针移出下拉列表并单击一点，冻结图层，则该层上的对象变为不可见。

4. 选中所有黄色线条，则【图层控制】下拉列表显示这些线条所在的图层——虚线层。在该列表中选择中心线层，操作结束后，列表框自动关闭，被选对象转移到中心线层上。

5. 展开【图层控制】下拉列表，单击尺寸标注层前面的◉图标，再单击轮廓线层前面的❄图标，打开尺寸标注层及解冻轮廓线层，则两个图层上的对象变为可见。

6. 选中所有图形对象，打开【特性】工具栏上的【颜色控制】下拉列表，从列表中选择蓝色，则所有对象变为蓝色。改变对象线型及线宽的方法与修改对象颜色类似。

1.2.4　修改非连续线的外观

非连续线是由短横线、空格等构成的重复图案，图案中短线长度、空格大小由线型比例控制。用户绘图时常会遇到这样一种情况：本来想画虚线或点划线，但最终绘制出的线型看上去却和连续线一样，出现这种现象的原因是线型比例设置得太大或太小。

LTSCALE 是控制线型外观的全局比例因子，它将影响图样中所有非连续线型的外观，其值增加时，将使非连续线中短横线及空格加长，否则，会使它们缩短。图 1-27 显示了使用不同比例因子时虚线及点划线的外观。

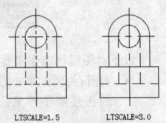

LTSCALE=1.5　　LTSCALE=3.0

图1-27　修改全局比例因子

【练习1-10】　改变线型全局比例因子。

1. 打开【特性】工具栏上的【线型控制】下拉列表，如图 1-28 所示。

2. 在此下拉列表中选取【其他】选项，打开【线型管理器】对话框，再单击 显示细节(D) 按钮，则该对话框底部出现【详细信息】分组框，如图 1-29 所示。

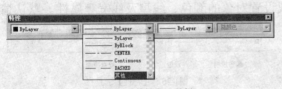

图1-28　【特性】工具栏　　　　　　　　　　图1-29　【线型管理器】对话框

3. 在【详细信息】分组框的【全局比例因子】文本框中输入新的比例值。

1.2.5　课堂练习——使用图层及修改线型比例

【练习1-11】　这个练习的内容包括创建图层、改变图层状态、将图形对象修改到其他图层上及修改线型比例。

1. 打开素材文件 "1-11.dwg"。

2. 创建以下图层。

图层	颜色	线型	线宽
尺寸标注	绿色	Continuous	默认
文字说明	绿色	Continuous	默认

3. 关闭"轮廓线"、"剖面线"及"中心线"层，将尺寸标注及文字说明分别修改到"尺寸标注"及"文字说明"层上。

4. 修改全局线型比例因子为 0.5，然后打开"轮廓线"、"剖面线"及"中心线"层。

1.3 课后作业

1. 启动 AutoCAD 2008，将用户界面重新布置，如图 1-30 所示。

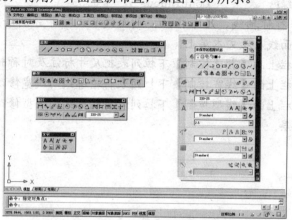

图1-30 布置用户界面

2. 以下的练习内容包括创建及存储图形文件、熟悉 AutoCAD 命令执行过程和快速查看图形等。

(1) 利用 AutoCAD 提供的样板文件"Acad.dwt"创建新文件。

(2) 进入"AutoCAD 经典"工作空间，用 LIMITS 命令设定绘图区域的大小为 10000×8000。

(3) 单击状态栏上的 栅格 按钮，再单击【标准】工具栏上的 按钮，使栅格充满整个图形窗口显示出来。

(4) 单击【绘图】工具栏上的 按钮，AutoCAD 提示如下。

命令: _circle 指定圆的圆心或 [三点(3P)/两点(2P)/相切、相切、半径(T)]:
　　　　　　　　　　　　　　　　　　//在屏幕上单击一点
指定圆的半径或 [直径(D)] <30.0000>: 50　　　//输入圆半径
命令:　　　　　　　　　　　　　　　//按 Enter 键重复上一个命令
CIRCLE 指定圆的圆心或 [三点(3P)/两点(2P)/相切、相切、半径(T)]:
　　　　　　　　　　　　　　　　　　//在屏幕上单击一点
指定圆的半径或 [直径(D)] <50.0000>: 100　　//输入圆半径
命令:　　　　　　　　　　　　　　　//按 Enter 键重复上一个命令
CIRCLE 指定圆的圆心或 [三点(3P)/两点(2P)/相切、相切、半径(T)]: *取消*
　　　　　　　　　　　　　　　　　　//按 Esc 键取消命令

(5) 单击【标准】工具栏上的 按钮使圆充满整个绘图窗口。

(6) 利用【标准】工具栏上的 、 按钮移动和缩放图形。

(7) 以文件名"User-1.dwg"保存图形。

3. 下面这个练习的内容包括创建图层、控制图层状态、将图形对象修改到其他图层上及改变对象的颜色及线型。

(1) 打开素材文件"1-13.dwg"。

(2) 创建以下图层。

名称	颜色	线型	线宽
轮廓线	白色	Continuous	0.70
中心线	红色	Center	0.35
尺寸线	绿色	Continuous	0.35
剖面线	绿色	Continuous	0.35
文本	绿色	Continuous	0.35

(3) 将图形的轮廓线、对称轴线、尺寸标注、剖面线及文字等分别修改到轮廓线层、中心线层、尺寸线层、剖面线层及文本层上。

(4) 通过【特性】工具栏上的【颜色控制】下拉列表把尺寸标注及对称轴线修改为蓝色。

(5) 利用【特性】工具栏上的【线宽控制】下拉列表将轮廓线的线宽修改为 0.5。

(6) 通过【特性】工具栏上的【线型控制】下拉列表将轮廓线的线型修改为 Dashed。

(7) 关闭或冻结尺寸线层。

第**2**讲

绘制及编辑线段（一）

- 输入点的坐标画线。

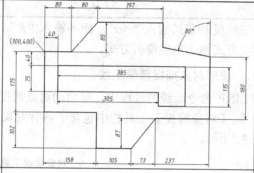

- 使用对象捕捉精确画线。

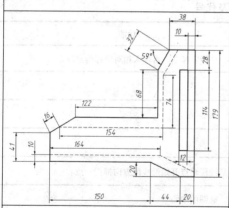

- 用 LINE 及 TRIM 等命令绘制平面图形。

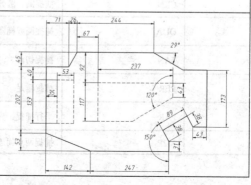

2.1 输入坐标画线及利用对象捕捉画线

本节介绍输入坐标及利用对象捕捉画线的方法。

2.1.1 知识点讲解

一、 输入点的坐标画线

LINE 命令可在二维或三维空间中创建线段，发出命令后，用户通过鼠标指定线的端点或利用键盘输入端点坐标，AutoCAD 就将这些点连接成线段。常用的点坐标形式如表 2-1 所示。

表 2-1　　　　　　　　　　　　　　　　　点的坐标形式

名称	输入方式	说明
绝对直角坐标	x,y	x 表示点的 x 坐标值，y 表示点的 y 坐标值。两坐标值之间用 "," 号分隔开
相对直角坐标	@x,y	
绝对极坐标	$R<\alpha$	R 表示点到原点的距离，α 表示极轴方向与 x 轴正向间的夹角。若从 x 轴正向逆时针旋转到极轴方向，则 α 角为正，否则，α 角为负
相对极坐标	@$R<\alpha$	

绘制线段时若只输入 "$<\alpha$"，而不输入 "R"，则表示沿 α 角度方向绘制任意长度的线段，这种绘制线方式称为角度覆盖方式。

二、 使用对象捕捉精确画线

用 LINE 命令画线的过程中，可启动对象捕捉功能以拾取一些特殊的几何点，如端点、圆心及切点等。【对象捕捉】工具栏中包含了各种对象捕捉工具，其中常用捕捉工具的功能及命令代号如表 2-2 所示。

表 2-2　　　　　　　　　　　　　　　　　对象捕捉工具及代号

捕捉按钮	代号	功能
	FROM	正交偏移捕捉。先指定基点，再输入相对坐标确定新点
	END	捕捉端点
	MID	捕捉中点
	INT	捕捉交点
	EXT	捕捉延伸点。从线段端点开始沿线段方向捕捉一点
	CEN	捕捉圆、圆弧、椭圆的中心
	QUA	捕捉圆或椭圆的 0°、90°、180° 或 270° 处的点——象限点
	TAN	捕捉切点
	PER	捕捉垂足
	PAR	平行捕捉。先指定线段起点，再利用平行捕捉绘制平行线
无	M2P	捕捉两点间连线的中点

2.1.2 范例解析——输入点的坐标画线

【练习2-1】 图形左下角点的绝对坐标及图形尺寸如图 2-1 所示，下面用 LINE 命令绘制此图形。

1. 设定绘图区域大小为 80×80，该区域左下角点的坐标为（190,150），右上角点的相对坐标为（@80,80）。单击【标准】工具栏上的 ⊕ 按钮，使绘图区域充满整个图形窗口显示出来。
2. 单击【绘图】工具栏上的 ✎ 按钮或输入命令代号 LINE，启动绘制线命令。

    命令：_line 指定第一点：200,160   //输入 A 点的绝对直角坐标，如图 2-2 所示

    指定下一点或 [放弃(U)]：@66,0   //输入 B 点的相对直角坐标

    指定下一点或 [放弃(U)]：@0,48   //输入 C 点的相对直角坐标

    指定下一点或 [闭合(C)/放弃(U)]：@-40,0 //输入 D 点的相对直角坐标

    指定下一点或 [闭合(C)/放弃(U)]：@0,-8 //输入 E 点的相对直角坐标

    指定下一点或 [闭合(C)/放弃(U)]：@-17,0 //输入 F 点的相对直角坐标

    指定下一点或 [闭合(C)/放弃(U)]：@26<-110 //输入 G 点的相对极坐标

    指定下一点或 [闭合(C)/放弃(U)]：c   //使线框闭合

结果如图 2-2 所示。

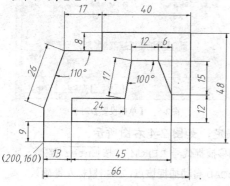

图2-1 输入点的坐标绘制线

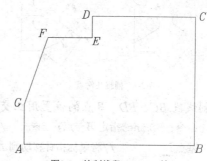

图2-2 绘制线段 AB、BC 等

3. 请读者绘制图形的其余部分。

【练习2-2】 图形左上角点的绝对坐标及图形尺寸如图 2-3 所示，用 LINE 等命令绘制此图形。

【知识链接】

  LINE 命令的常用选项如下。

- 指定第一点：在此提示下，用户需指定线段的起始点，若此时按 Enter 键，AutoCAD 将以上一次所绘制线段或圆弧的终点作为新线段的起点。
- 指定下一点：在此提示下，输入线段的端点，按 Enter 键后，AutoCAD 继续提示"指定下一点"，用户可输入下一个端点。若在"指定下一点"提示下按 Enter 键，则命令结束。
- 放弃(U)：在"指定下一点"提示下，

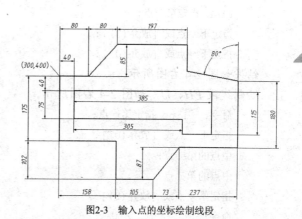

图2-3 输入点的坐标绘制线段

输入字母 "U"，将删除上一条线段，多次输入 "U"，则会删除多条线段，该选项可以及时纠正绘图过程中的错误。

- 闭合(C): 在 "指定下一点" 提示下，输入字母 "C"，AutoCAD 将使连续折线自动封闭。

2.1.3 范例解析——使用对象捕捉精确画线

【练习2-3】 打开素材文件 "2-3.dwg"，如图 2-4 左图所示，使用 LINE 命令并结合对象捕捉将左图修改为右图。

1. 单击状态栏上的对象捕捉按钮，打开自动捕捉方式，再在此按钮上单击鼠标右键，选择【设置】选项，打开【草图设置】对话框，在该对话框的【对象捕捉】选项卡中设置自动捕捉类型为 "端点"、"中点" 及 "交点"，如图 2-5 所示。

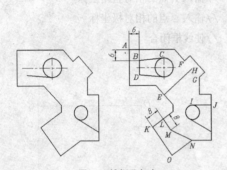

图2-4 捕捉几何点

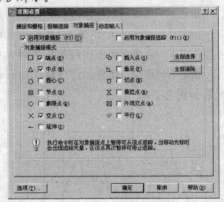

图2-5 【草图设置】对话框

2. 绘制线段 BC、BD，B 点的位置用正交偏移捕捉确定，如图 2-4 右图所示。

命令: _line 指定第一点: from	//输入正交偏移捕捉代号 "FROM"，按 Enter 键
基点:	//将鼠标指针移动到 A 点处，AutoCAD 自动捕捉该点，单击鼠标左键确认
<偏移>: @6,-6	//输入 B 点的相对坐标
指定下一点或 [放弃(U)]: tan 到	//输入切点代号 "TAN" 并按 Enter 键，捕捉切点 C
指定下一点或 [放弃(U)]:	//按 Enter 键结束
命令:	//重复命令
LINE 指定第一点:	//自动捕捉端点 B
指定下一点或 [放弃(U)]:	//自动捕捉端点 D
指定下一点或 [放弃(U)]:	//按 Enter 键结束

结果如图 2-4 右图所示。

3. 绘制线段 EH、IJ，如图 2-4 右图所示。

命令: _line 指定第一点:	//自动捕捉中点 E
指定下一点或 [放弃(U)]: m2p	//输入捕捉代号 "M2P"，按 Enter 键
中点的第一点:	//自动捕捉端点 F
中点的第二点:	//自动捕捉端点 G
指定下一点或 [放弃(U)]:	//按 Enter 键结束
命令:	//重复命令
LINE 指定第一点: qua 于	//输入象限点代号捕捉象限点 I

指定下一点或 [放弃(U)]: per 到　　　　　　//输入垂足代号捕捉垂足 *J*

指定下一点或 [放弃(U)]:　　　　　　　　//按 Enter 键结束

结果如图 2-4 右图所示。

4. 绘制线段 *LM*、*MN*，如图 2-4 右图所示。

命令: _line 指定第一点: EXT　　　　//输入延伸点代号 "EXT" 并按 Enter 键

于 8　　　　　　　　　　　//从 *K* 点开始沿线段进行追踪，输入 *L* 点与 *K* 点的距离

指定下一点或 [放弃(U)]: PAR　　　//输入平行偏移捕捉代号 "PAR" 并按 Enter 键

到 8　　　　　　　　　//将鼠标指针从线段 *KO* 处移动到 *LM* 处，再输入 *LM* 线段的长度

指定下一点或 [放弃(U)]:　　　　　//自动捕捉端点 *N*

指定下一点或 [闭合(C)/放弃(U)]:　//按 Enter 键结束

结果如图 2-4 右图所示。

【练习2-4】　利用 LINE 命令并结合对象捕捉画线，如图 2-6 所示。

【知识链接】

调用对象捕捉功能的方法有以下 3 种。

(1) 绘图过程中，当 AutoCAD 提示输入一个点时，用户可单击捕捉按钮或输入捕捉命令代号来启动对象捕捉。然后将鼠标指针移动到要捕捉的特征点附近，AutoCAD 就自动捕捉该点。

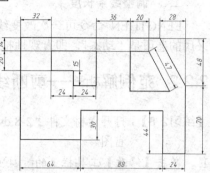

图2-6　利用对象捕捉画线

(2) 启动对象捕捉的另一种方法是利用快捷菜单。发出 AutoCAD 命令后，按下 Shift 键并单击鼠标右键，弹出快捷菜单，用户可在弹出的菜单中选择捕捉何种类型的点。

(3) 前面所述的捕捉方式仅对当前操作有效，命令结束后，捕捉模式自动关闭，这种捕捉方式称为覆盖捕捉方式。除此之外，用户可以采用自动捕捉方式来定位点，单击状态栏上的 对象捕捉 按钮，就打开这种方式。

2.1.4　课堂练习

【练习2-5】　输入相对坐标及利用对象捕捉画线，如图 2-7 所示。

【练习2-6】　输入相对坐标及利用对象捕捉画线，如图 2-8 所示。

【练习2-7】　输入相对坐标及利用对象捕捉画线，如图 2-9 所示。

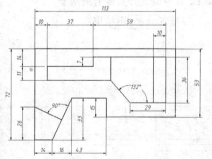

图2-7　输入坐标及利用对象捕捉画线（1）

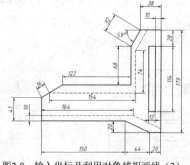

图2-8　输入坐标及利用对象捕捉画线（2）

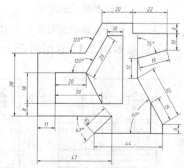

图2-9　输入坐标及利用对象捕捉画线（3）

2.2 改变线段长度

本节介绍剪断及调整线条长度的方法。

2.2.1 知识点讲解

一、 剪断线条

使用 TRIM 命令可将多余线条修剪掉。启动该命令后，用户首先指定一个或几个对象作为剪切边（可以想象为剪刀），然后选择被修剪的部分。

二、 调整线条长度

LENGTHEN 命令可一次改变线段、圆弧、椭圆弧等多个对象的长度。使用此命令时，经常采用的选项是"动态"，即直观地拖动对象来改变其长度。

2.2.2 范例解析——剪断线条

【练习2-8】 打开素材文件"2-8.dwg"，如图 2-10 左图所示。下面用 TRIM 命令将左图修改为右图。

1. 单击【修改】工具栏上的 按钮或输入命令代号 TRIM，启动修剪命令。

```
命令: _trim
选择对象或 <全部选择>: 找到 1 个            //选择剪切边 A，如图 2-11 左图所示
选择对象:                                 //按 Enter 键
选择要修剪的对象，或按住 Shift 键选择要延伸的对象，或
[栏选(F)/窗交(C)/投影(P)/边(E)/删除(R)/放弃(U)]://在 B 点处选择要修剪的多余线条
选择要修剪的对象，或按住 Shift 键选择要延伸的对象，或
[栏选(F)/窗交(C)/投影(P)/边(E)/删除(R)/放弃(U)]:    //按 Enter 键结束
命令:TRIM                                 //重复命令
选择对象:总计 2 个                         //选择剪切边 C、D
选择对象:                                 //按 Enter 键
选择要修剪的对象或[/边(E)]: e             //选择"边(E)"选项
输入隐含边延伸模式 [延伸(E)/不延伸(N)] <不延伸>: e   //选择"延伸(E)"选项
选择要修剪的对象:                          //在 E、F、G 点处选择要修剪的部分
选择要修剪的对象:                          //按 Enter 键结束
```

结果如图 2-11 右图所示。

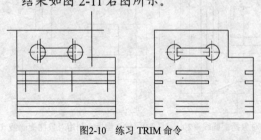

图2-10 练习 TRIM 命令

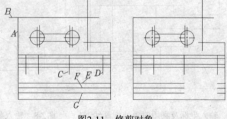

图2-11 修剪对象

要点提示 为简化说明，仅将第 2 个 TRIM 命令的与当前操作相关的提示信息罗列出来，而将其他信息省略。这种讲解方式在后续的例题中也将采用。

2. 请读者利用 TRIM 命令修剪图中其他多余线条。

【练习2-9】 创建以下图层并利用 LINE 及 TRIM 等命令绘制如图 2-12 所示平面图形。

名称	颜色	线型	线宽
轮廓线层	白色	Continuous	0.5
虚线层	黄色	Dashed	默认

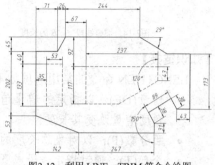

图2-12 利用 LINE、TRIM 等命令绘图

【知识链接】

TRIM 命令的常用选项如下。

- 按住 Shift 键选择要延伸的对象：将选定的对象延伸至剪切边。
- 栏选(F)：用户绘制连续折线，与折线相交的对象被修剪。
- 窗交(C)：利用交叉窗口选择对象。
- 投影(P)：该选项可以使用户指定执行修剪的空间，例如，三维空间中两条线段呈交叉关系，用户可利用该选项假想将其投影到某一平面上执行修剪操作。
- 边(E)：如果剪切边太短，没有与被修剪对象相交，就利用此选项假想将剪切边延长，然后执行修剪操作。
- 删除(R)：不退出 TRIM 命令就能删除选定的对象。
- 放弃(U)：若修剪有误，可输入字母"U"撤销修剪。

2.2.3 范例解析——调整线条长度

【练习2-10】 打开素材文件"2-10.dwg"，如图 2-13 左图所示。用 LENGTHEN 等命令将左图修改为右图。

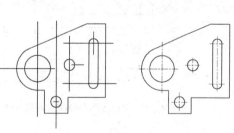

图2-13 调整线条长度

1. 用 LENGTHEN 命令调整线段 A、B 的长度，如图 2-14 所示。

```
命令: _lengthen
选择对象或 [增量(DE)/百分数(P)/全部(T)/动态(DY)]: dy
                                    //使用"动态(DY)"选项
选择要修改的对象或 [放弃(U)]:        //在线段 A 的上端选中对象
指定新端点:                          //向下移动鼠标指针，单击一点
选择要修改的对象或 [放弃(U)]:        //在线段 B 的上端选中对象
指定新端点:                          //向下移动鼠标指针，单击一点
选择要修改的对象或 [放弃(U)]:        //按 Enter 键结束
```

结果如图 2-14 右图所示。

2. 请读者用 LENGTHEN 命令调整其他定位线的长度，然后将定位线修改到中心线层上。

【练习2-11】 打开素材文件"2-11.dwg"，如图 2-15 左图所示。用 LINE、LENGTHEN 及 TRIM 等命令将左图修改为右图。

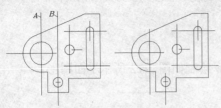

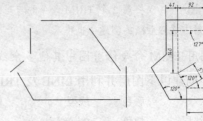

图2-14　调整线段 A、B 的长度　　　　　　图2-15　用 LINE、LENGTHEN 等命令绘图

【知识链接】

LENGTHEN 命令的常用选项如下。

- 增量(DE)：以指定的增量值来改变线段或圆弧的长度。对于圆弧，还可通过设定角度增量改变其长度。
- 百分数(P)：以对象总长度的百分比形式改变对象长度。
- 全部(T)：通过指定线段或圆弧的新长度来改变对象总长。
- 动态(DY)：拖动鼠标指针就可以动态地改变对象长度。

2.2.4　课堂练习

【练习2-12】　利用 LINE 及 TRIM 等命令绘制如图 2-16 所示平面图形。

【练习2-13】　利用 LINE 及 TRIM 等命令绘制如图 2-17 所示平面图形。

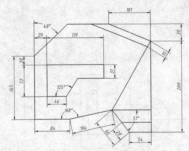

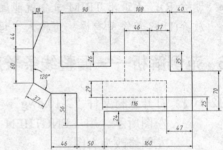

图2-16　输入坐标及利用对象捕捉画线（1）　　　　图2-17　输入坐标及利用对象捕捉画线（2）

2.3　综合训练——输入相对坐标及利用对象捕捉画线

【练习2-14】　利用 LINE 及 TRIM 等命令绘制如图 2-18 所示平面图形。

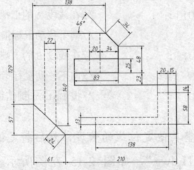

图2-18　利用 LINE 及 TRIM 等命令绘图（1）

主要绘图过程如图 2-19 所示。

图2-19　绘图过程

【练习2-15】　利用 LINE 及 TRIM 等命令绘制如图 2-20 所示平面图形。

【练习2-16】　利用 LINE 及 TRIM 等命令绘制如图 2-21 所示平面图形。

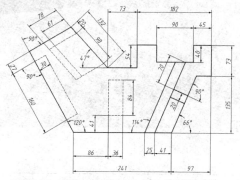

图2-20　利用 LINE 及 TRIM 等命令绘图（2）

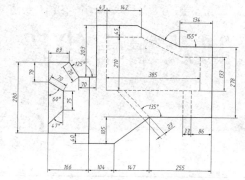

图2-21　利用 LINE 及 TRIM 等命令绘图（3）

2.4　课后作业

1. 输入相对坐标及利用对象捕捉画线，如图 2-22 所示。

2. 利用 LINE 及 TRIM 等命令绘制如图 2-23 所示平面图形。

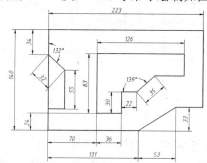

图2-22　输入坐标及利用对象捕捉画线

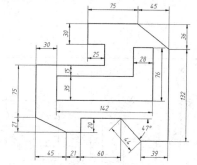

图2-23　利用 LINE 及 TRIM 等命令绘图（4）

3. 利用 LINE 及 TRIM 等命令绘制如图 2-24 所示平面图形。

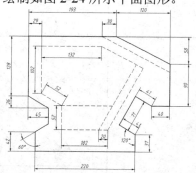

图2-24　利用 LINE 及 TRIM 等命令绘图（5）

第 **3** 讲

绘制及编辑线段（二）

- 同时打开对象捕捉、极轴追踪及自动追踪功能画线。

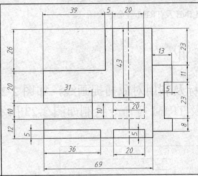

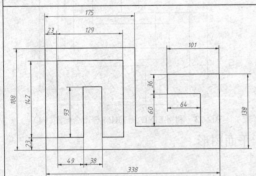

- 打开正交模式画线。

- 打开动态输入功能画线。

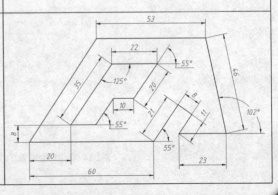

3.1 结合极轴追踪、对象捕捉及自动追踪功能画线

本节介绍同时打开对象捕捉、极轴追踪及自动追踪功能画线的方法。

3.1.1 知识点讲解

一、极轴追踪

单击状态栏上的 极轴 按钮，打开极轴追踪。此后，启动 LINE 命令并画线，鼠标指针就沿用户设定的极轴角方向移动，AutoCAD 在此方向上显示追踪辅助线及指针点的极坐标值，如图 3-1 所示。输入线段的长度，按 Enter 键，就绘制出指定长度的线段。

极轴角是随极轴角增量而变化的，该增量值可设定。

二、自动追踪

单击状态栏上的 对象追踪 按钮，打开自动追踪功能。自动追踪是指 AutoCAD 从一点开始自动沿某一方向进行追踪，追踪方向上将显示一条追踪辅助线及指针点的极坐标值。输入追踪距离，按 Enter 键，就确定新的点。在使用自动追踪功能时，必须打开对象捕捉。AutoCAD 首先捕捉一个几何点作为追踪参考点，然后沿水平、竖直方向或设定的极轴方向进行追踪，如图 3-2 所示。

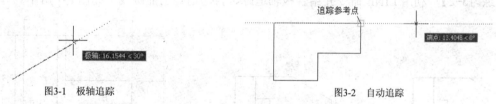

图3-1 极轴追踪   图3-2 自动追踪

3.1.2 范例解析——打开极轴追踪、对象捕捉及自动追踪功能绘图

【练习3-1】 使用 LINE 命令并结合极轴追踪、对象捕捉及自动追踪功能绘图，如图 3-3 所示。

1. 在状态栏上的 极轴 按钮上单击鼠标右键，弹出快捷菜单，选取【设置】选项，打开【草图设置】对话框，如图 3-4 所示。

2. 在【极轴追踪】选项卡的【增量角】下拉列表中设定极轴角增量为"30"，此后若用户打开极轴追踪画线，则鼠标指针将自动沿 0°、30°、60°、90°、120° 等方向进行追踪，再输入线段长度值，AutoCAD 就在该方向上绘制出线段。

3. 在【对象捕捉追踪设置】分组框中选择【用所有极轴角设置追踪】单选项。单击 确定 按钮，关闭【草图设置】对话框。

4. 打开极轴追踪、对象捕捉及自动追踪功能。设定对象捕捉方式为端点、交点。

5. 绘制线段 *AB*、*BC*、*CD* 等，如图 3-5 所示。

命令: _line 指定第一点:	//单击 *A* 点，如图 3-5 所示
指定下一点或 [放弃(U)]: 74	//从 *A* 点向右追踪并输入追踪距离
指定下一点或 [放弃(U)]: 22	//从 *B* 点向上追踪并输入追踪距离
指定下一点或 [闭合(C)/放弃(U)]: 20	//从 *C* 点沿120°方向追踪并输入追踪距离
指定下一点或 [闭合(C)/放弃(U)]: 32	//从 *D* 点向上追踪并输入追踪距离
指定下一点或 [闭合(C)/放弃(U)]: 38	//从 *E* 点向左追踪并输入追踪距离

//从 A 点向上移动鼠标指针，系统显示竖直追踪线

//当鼠标指针移动到某一位置时，系统显示 210° 方向追踪线

指定下一点或 [闭合(C)/放弃(U)]:   //在两条追踪线的交点处单击一点 G

指定下一点或 [闭合(C)/放弃(U)]:   //捕捉 A 点

指定下一点或 [闭合(C)/放弃(U)]:   //按 Enter 键结束

结果如图 3-5 所示。

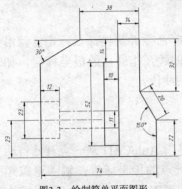

图3-3 绘制简单平面图形

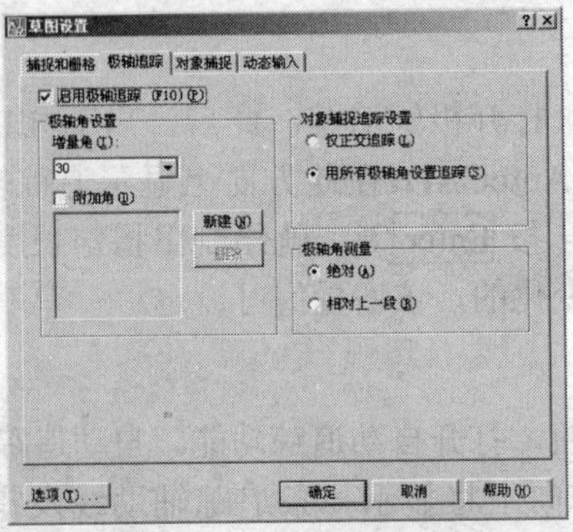

图3-4 【草图设置】对话框

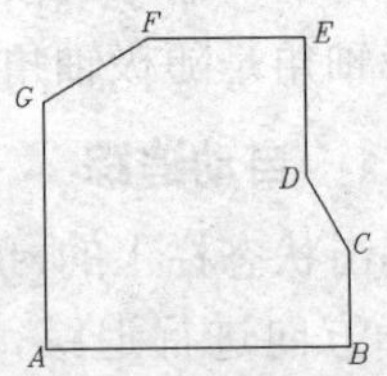

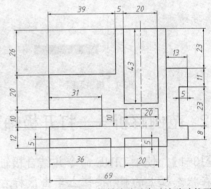

图3-5 绘制闭合线框

6. 其余部分的绘制过程如图 3-6 所示。

【练习3-2】 利用 LINE 命令并结合极轴追踪、自动追踪功能画线，如图 3-7 所示。

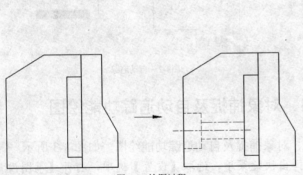

图3-6 绘图过程

图3-7 结合对象捕捉、极轴追踪及自动追踪功能画线

主要绘图过程如图 3-8 所示。

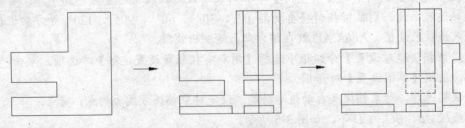

图3-8 绘图过程

【知识链接】

使用自动追踪时，从追踪参考点追踪的方向可通过【极轴追踪】选项卡中的两个选项进行设定，这两个选项是【仅正交追踪】和【用所有极轴角设置追踪】，如图 3-4 所示，它们的功能如下。

- 【仅正交追踪】：当自动追踪打开时，仅在追踪参考点处显示水平或竖直的追踪路径。

- **【用所有极轴角设置追踪】:** 如果自动追踪功能打开，则当指定点时，AutoCAD 将在追踪参考点处沿任何极轴角方向显示追踪路径。

3.1.3 课堂练习

【练习3-3】 利用 LINE 命令并结合极轴追踪、对象捕捉及自动追踪功能画线，如图 3-9 所示。

【练习3-4】 创建以下图层，利用 LINE 命令并结合极轴追踪、对象捕捉及自动追踪功能画线，如图 3-10 所示。

名称	颜色	线型	线宽
轮廓线层	白色	Continuous	0.5
虚线层	红色	Dashed	默认
中心线层	蓝色	Center	默认

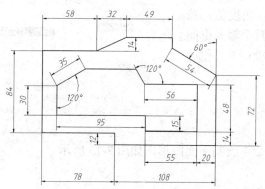

图3-9 结合对象捕捉、极轴追踪及自动追踪功能画线（1）

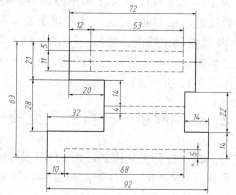

图3-10 结合对象捕捉、极轴追踪及自动追踪功能画线（2）

【练习3-5】 利用 LINE 命令并结合极轴追踪、对象捕捉及自动追踪功能画线，如图 3-11 所示。

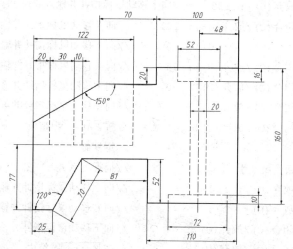

图3-11 结合对象捕捉、极轴追踪及自动追踪功能画线（3）

3.2 利用正交模式及动态输入功能画线

本节介绍利用正交模式及动态输入功能画线的方法。

3.2.1　知识点讲解

一、　正交模式

单击状态栏上的 正交 按钮打开正交模式。在正交模式下鼠标指针只能沿水平或竖直方向移动。画线时若同时打开该模式，则只需输入线段的长度值，AutoCAD 就自动画出水平或竖直段。

当调整水平或竖直方向线段的长度时，可利用正交模式限制鼠标指针的移动方向。选择线段，线段上出现关键点（实心矩形点），选中端点处的关键点，移动鼠标指针，就沿水平或竖直方向改变线段的长度。

二、　动态输入

按下状态栏上的 DYN 按钮，打开动态输入功能。启动 LINE 命令，系统将在指针点附近显示命令提示信息及线段的长度和角度值等。在【长度】文本框中输入长度值，按 Tab 键进入【角度】文本框中输入角度值，按 Enter 键就绘制出线段。每按一次 Tab 键，可在这两个输入框间切换。切换后，前一输入框中的输入值将被锁定，框中显示🔒图标，如图 3-12 所示。

图3-12　动态输入

3.2.2　范例解析——打开正交模式画线

【练习3-6】　打开正交模式，用 LINE 及 TRIM 等命令绘制平面图形，如图 3-13 所示。

1.　画线段 *AB*、*BC*、*CD* 等，如图 3-14 所示。

命令：<正交 开>	//打开正交模式
命令：_line 指定第一点：	//单击 A 点
指定下一点或 [放弃(U)]：338	//向右移动鼠标指针并输入线段 AB 的长度
指定下一点或 [放弃(U)]：138	//向上移动鼠标指针并输入线段 BC 的长度
指定下一点或 [闭合(C)/放弃(U)]：101	//向左移动鼠标指针并输入线段 CD 的长度
指定下一点或 [闭合(C)/放弃(U)]：36	//向下移动鼠标指针并输入线段 DE 的长度
指定下一点或 [闭合(C)/放弃(U)]：64	//向右移动鼠标指针并输入线段 EF 的长度
指定下一点或 [闭合(C)/放弃(U)]：60	//向下移动鼠标指针并输入线段 FG 的长度
指定下一点或 [闭合(C)/放弃(U)]：	//向左移动鼠标指针并单击一点 H
指定下一点或 [闭合(C)/放弃(U)]：	//按 Enter 键结束
命令：	//重复命令
LINE 指定第一点：end 于	//捕捉端点 A
指定下一点或 [放弃(U)]：188	//向上移动鼠标指针并输入线段 AI 的长度
指定下一点或 [放弃(U)]：175	//向右移动鼠标指针并输入线段 IJ 的长度
指定下一点或 [闭合(C)/放弃(U)]：	//向下移动鼠标指针并单击一点 K
指定下一点或 [闭合(C)/放弃(U)]：	//按 Enter 键结束

如图 3-14 左图所示。修剪多余线条，结果如图 3-14 右图所示。

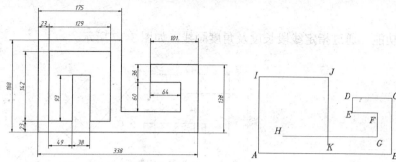

图3-13　打开正交模式画线

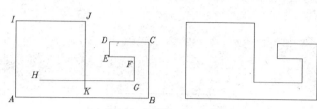

图3-14　画线段 *AB*、*BC* 等

2.　用同样方法绘制图形其余部分。

3.2.3　范例解析——打开动态输入功能画线

【练习3-7】　打开动态输入功能，通过指定线段长度及角度画线，如图 3-15 所示。

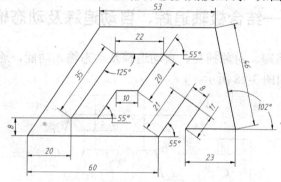

图3-15　利用动态输入功能画线（1）

1.　打开动态输入，设定动态输入方式为"指针输入"、"标注输入"及"动态显示"。
2.　画线段 *AB*、*BC*、*CD* 等，如图 3-16 所示。

命令：_line 指定第一点：	//单击 A 点
指定下一点或 [放弃(U)]：0	//输入线段 *AB* 的长度 60
	//按 [Tab] 键，输入线段 *AB* 的角度 0°
指定下一点或 [放弃(U)]：55	//输入线段 *BC* 的长度 21
	//按 [Tab] 键，输入线段 *BC* 的角度 55°
指定下一点或 [闭合(C)/放弃(U)]：35	//输入线段 *CD* 的长度 8
	//按 [Tab] 键，输入线段 *CD* 的角度 35°
指定下一点或 [闭合(C)/放弃(U)]：125	//输入线段 *DE* 的长度 11
	//按 [Tab] 键，输入线段 *DE* 的角度 125°
指定下一点或 [闭合(C)/放弃(U)]：0	//输入线段 *EF* 的长度 23
	//按 [Tab] 键，输入线段 *EF* 的角度 0°
指定下一点或 [闭合(C)/放弃(U)]：102	//输入线段 *FG* 的长度 46
	//按 [Tab] 键，输入线段 *FG* 的角度 102°
指定下一点或 [闭合(C)/放弃(U)]：180	//输入线段 *GH* 的长度 53
	//按 [Tab] 键，输入线段 *GH* 的角度 180°
指定下一点或 [闭合(C)/放弃(U)]：C	//按 [↓] 键，选择"闭合"选项

结果如图 3-16 所示。

【练习3-8】　打开动态输入功能，通过指定线段长度及角度画线，如图 3-17 所示。

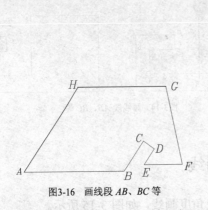

图3-16　画线段 AB、BC 等

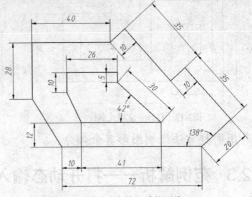

图3-17　利用动态输入功能画线（2）

3.2.4　范例解析——结合极轴追踪、自动追踪及动态输入功能画线

【练习3-9】　打开极轴追踪、对象捕捉、自动追踪及动态输入功能，通过输入线段长度及角度
　　　　　　来画线，如图 3-18 所示。

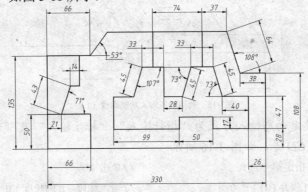

图3-18　利用极轴追踪、自动追踪及动态输入等功能画线

主要绘图过程如图 3-19 所示。

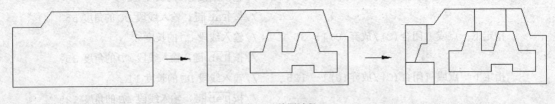

图3-19　绘图过程

3.2.5　课堂练习

【练习3-10】　打开极轴追踪、对象捕捉、自动追踪及动态输入功能，通过输入线段长度及角度
　　　　　　　画线，如图 3-20 所示。

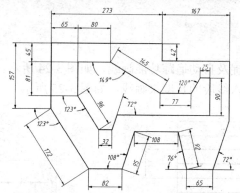

图3-20　打开极轴追踪、自动追踪及动态输入等功能画线

3.3　综合训练——利用画线辅助工具画线

【练习3-11】　利用 LINE 及 TRIM 等命令绘制如图 3-21 所示平面图形。

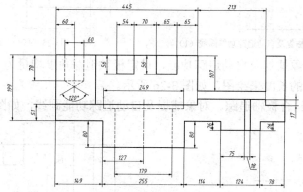

图3-21　利用 LINE 及 TRIM 等命令绘图（1）

主要绘图过程如图 3-22 所示。

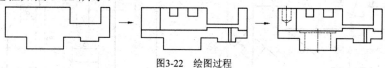

图3-22　绘图过程

【练习3-12】　利用 LINE 及 TRIM 等命令绘制如图 3-23 所示平面图形。

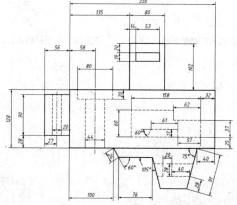

图3-23　利用 LINE 及 TRIM 等命令绘图（2）

3.4 课后作业

1. 打开极轴追踪、对象捕捉及自动追踪功能画线，如图 3-24 所示。
2. 打开正交模式，通过输入线段的长度来画线，如图 3-25 所示。

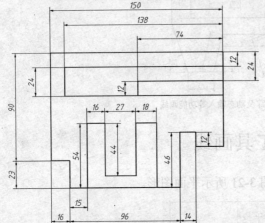

图3-24　利用极轴追踪、对象捕捉及自动追踪功能画线（1）

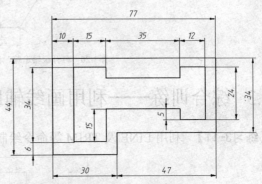

图3-25　打开正交模式画线

3. 打开极轴追踪、对象捕捉及自动追踪功能，设定极轴追踪角度增量为 10°，利用 LINE 命令，通过输入线段的长度来绘图，如图 3-26 所示。
4. 利用 LINE 命令并结合极轴追踪、对象捕捉及自动追踪功能画线，如图 3-27 所示。

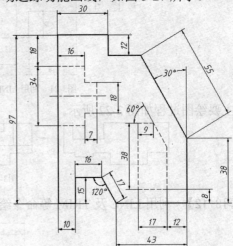

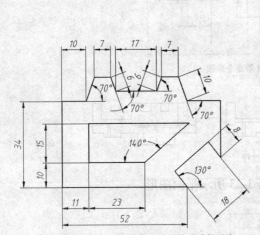

图3-26　利用极轴追踪、对象捕捉及自动追踪功能画线（2）

图3-27　利用极轴追踪、对象捕捉及自动追踪功能画线（3）

第**4**讲

绘制及编辑平行线、多段线及构造线

【学习目标】

- 绘制平行线、延伸及修剪线条。

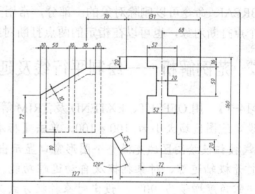

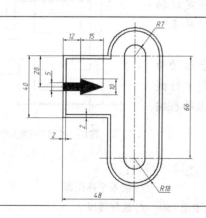

- 绘制多段线及构造线。

- 根据轴测图绘制三视图。

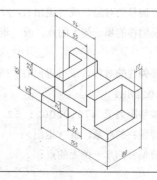

4.1 绘制平行线、延伸及打断线条

本节介绍绘制平行线、延伸及打断线条的方法。

4.1.1 知识点讲解

一、 绘制平行线

OFFSET 命令可将对象平移指定的距离，创建一个与源对象类似的新对象。使用该命令时，用户可以通过两种方式创建平行对象，一种是输入平行线间的距离，另一种是指定新平行线通过的点。

二、 延伸线条

利用 EXTEND 命令可以将线段、曲线等对象延伸到一个边界对象，使其与边界对象相交。有时对象延伸后并不与边界直接相交，而是与边界的延长线相交。

三、 打断线条

BREAK 命令可以删除对象的一部分，常用于打断线段、圆、圆弧、椭圆等，此命令既可以在一个点打断对象，也可以在指定的两点打断对象。

4.1.2 范例解析——绘制平行线及延伸线条

【练习4-1】 用 OFFSET、EXTEND 及 TRIM 等命令绘制如图 4-1 所示的图形。

1. 设定绘图区域大小为 100×100。单击【标准】工具栏 ⊕ 按钮使绘图区域充满整个图形窗口显示出来。
2. 打开极轴追踪、对象捕捉及自动追踪功能。指定极轴追踪角度增量为 90°；设定对象捕捉方式为"端点"、"交点"。
3. 用 LINE 命令绘制两条作图基准线 *A*、*B*，其长度约为 90，再用 OFFSET 命令偏移线段 *A*、*B* 得到平行线 *C*、*D*，如图 4-2 所示。单击【绘图】工具栏上的 按钮或输入命令代号 OFFSET，启动偏移命令。

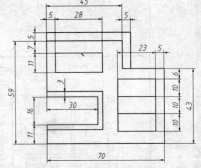

图4-1　绘制平行线及修剪线条

```
命令: _offset
指定偏移距离或 [通过(T)/删除(E)/图层(L)] <10.0000>: 70
                                           //输入平移距离
选择要偏移的对象，或 [退出(E)/放弃(U)] <退出>:  //选择线段 A
指定要偏移的那一侧上的点，或 [退出(E)/多个(M)/放弃(U)] <退出>:
                                           //在线段 A 的右侧单击一点
选择要偏移的对象，或 [退出(E)/放弃(U)] <退出>:  //按 Enter 键结束
命令:OFFSET                                 //重复命令
指定偏移距离或 <70.0000>: 59                 //输入平移距离
选择要偏移的对象，或 <退出>:                 //选择线段 B
指定要偏移的那一侧上的点:                    //在线段 B 的上侧单击一点
```

选择要偏移的对象，或 <退出>:   //按 Enter 键结束

结果如图 4-2 所示。

4. 利用 TRIM 命令修剪多余线条，结果如图 4-3 所示。

5. 利用 OFFSET 及 TRIM 命令形成线段 *E*、*F*、*G* 等，如图 4-4 所示。

图4-2   绘制平行线

图4-3   修剪结果

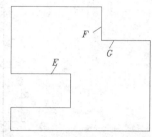

图4-4   形成线段 *E*、*F*、*G* 等

6. 利用 OFFSET 命令绘制平行线 *H*、*I*，如图 4-5 所示。用 EXTEND 命令延伸线条 *H*、*I*、*J*，如图 4-6 所示。单击【修改】工具栏上的 按钮或输入命令代号 EXTEND，启动延伸命令。

   命令: _extend

   选择对象或 <全部选择>: 找到 1 个   //选择延伸边界 *I*，如图 4-5 所示

   选择对象: //按 Enter 键

   选择要延伸的对象，或按住 Shift 键选择要修剪的对象，或

   [栏选(F)/窗交(C)/投影(P)/边(E)/放弃(U)]:   //选择要延伸的对象 *J*

   选择要延伸的对象，或按住 Shift 键选择要修剪的对象，或

   [栏选(F)/窗交(C)/投影(P)/边(E)/放弃(U)]:   //按 Enter 键结束

   命令: EXTEND   //重复命令

   选择对象: 找到 1 个，总计 2 个   //选择延伸边界 *H*、*I*

   选择对象: //按 Enter 键

   选择要延伸的对象，或按住 Shift 键选择要修剪的对象，或

   [栏选(F)/窗交(C)/投影(P)/边(E)/放弃(U)]: e   //使用"边(E)"选项

   输入隐含边延伸模式 [延伸(E)/不延伸(N)] <不延伸>: e   //使用"延伸(E)"选项

   选择要延伸的对象，或按住 Shift 键选择要修剪的对象，或

   [栏选(F)/窗交(C)/投影(P)/边(E)/放弃(U)]:   //选择要延伸的对象 *H*

   选择要延伸的对象，或按住 Shift 键选择要修剪的对象，或

   [栏选(F)/窗交(C)/投影(P)/边(E)/放弃(U)]:   //选择要延伸的对象 *I*

   选择要延伸的对象，或按住 Shift 键选择要修剪的对象，或

   [栏选(F)/窗交(C)/投影(P)/边(E)/放弃(U)]:   //按 Enter 键结束

结果如图 4-6 所示。

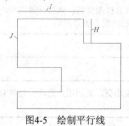

图4-5   绘制平行线

图4-6   延伸线条

7. 请读者用 OFFSET、EXTEND 及 TRIM 命令绘制图形的其余部分。

【练习4-2】 利用 OFFSET、EXTEND 及 TRIM 等命令绘制如图 4-7 所示平面图形。

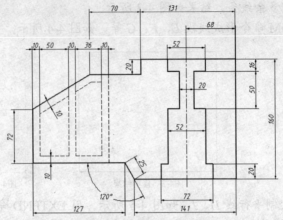

图4-7 绘制平行线及修剪线条

主要绘图过程如图 4-8 所示。

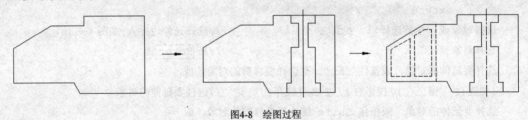

图4-8 绘图过程

【知识链接】

OFFSET 及 EXTEND 命令的常用选项如表 4-1 所示。

表 4-1 命令选项的功能

命令	选项	功能
OFFSET	通过(T)	通过指定点创建新的偏移对象
	删除(E)	偏移源对象后将其删除
	图层(L)	指定将偏移后的新对象放置在当前图层上或源对象所在的图层上
	多个(M)	在要偏移的一侧单击多次，就创建多个等距对象
EXTEND	按住 Shift 键选择要修剪的对象	将选择的对象修剪到边界而不是将其延伸
	栏选(F)	用户绘制连续折线，与折线相交的对象被延伸
	窗交(C)	利用交叉窗口选择对象
	边(E)	当边界边太短、延伸对象后不能与其直接相交时，就打开该选项，此时 AutoCAD 假想将边界边延长，然后延伸线条到边界边
	栏选(F)	用户绘制连续折线，与折线相交的对象被修剪
	窗交(C)	利用交叉窗口选择对象
	边(E)	如果剪切边太短，没有与被修剪对象相交，就利用此选项假想将剪切边延长，然后执行修剪操作

4.1.3 范例解析——在一点或两点间打断线条

【练习4-3】 打开素材文件"4-3.dwg",如图 4-9 左图所示。用 BREAK、LENGTHEN 等命令将左图修改为右图。

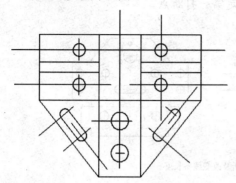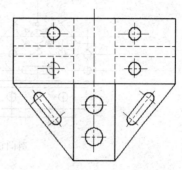

图4-9 打断及改变线条长度

1. 用 BREAK 命令打断线条,如图 4-10 所示。单击【修改】工具栏上的 按钮或输入命令代号 BREAK,启动打断命令。

命令: _break 选择对象:	//在 A 点处选择对象,如图 4-9 左图所示
指定第二个打断点 或 [第一点(F)]:	//在 B 点处选择对象
命令:	//重复命令
BREAK 选择对象:	//在 C 点处选择对象
指定第二个打断点 或 [第一点(F)]:	//在 D 点处选择对象
命令:	//重复命令
BREAK 选择对象:	//选择线段 E
指定第二个打断点 或 [第一点(F)]: f	//使用选项"第一点(F)"
指定第一个打断点: int 于	//捕捉交点 F
指定第二个打断点: @	//输入相对坐标符号,按 Enter 键,在同一点打断对象

再将线段 E 修改到虚线层上,结果如图 4-10 右图所示。

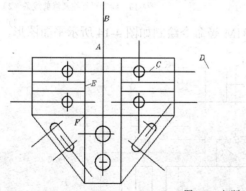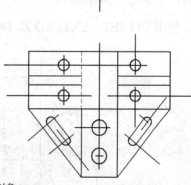

图4-10 打断对象

2. 请读者用 BREAK、LENGTHEN 等命令修改图形的其他部分。

【练习4-4】 打开素材文件"4-4.dwg",如图 4-11 左图所示。利用 BREAK、LENGTHEN 等命令将左图修改为右图。

【知识链接】

BREAK 命令的选项。

- 指定第二个打断点：在图形对象上选取第二点后，AutoCAD 将第一打断点与第二打断点间的部分删除。

- 第一点(F)：该选项使用户可以重新指定第一打断点。

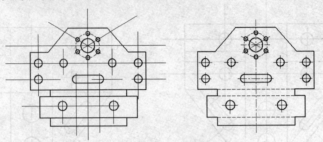

图4-11　打断及改变线条长度

4.1.4　课堂练习

【练习4-5】　利用 OFFSET、EXTEND 及 TRIM 等命令绘制如图 4-12 所示平面图形。

【练习4-6】　利用 OFFSET、EXTEND 及 TRIM 等命令绘制如图 4-13 所示平面图形。

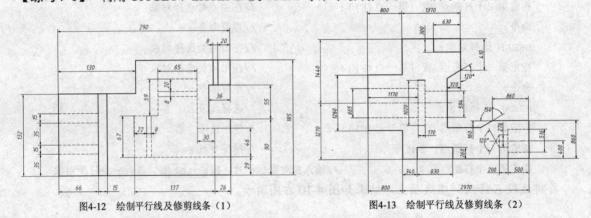

图4-12　绘制平行线及修剪线条（1）　　　　　　　图4-13　绘制平行线及修剪线条（2）

【练习4-7】　利用 OFFSET、EXTEND 及 TRIM 等命令绘制如图 4-14 所示平面图形。

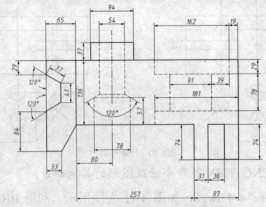

图4-14　绘制平行线及修剪线条

4.2 多段线、构造线及射线

本节介绍绘制多段线、构造线及射线的方法。

4.2.1 知识点讲解

一、 创建及编辑多段线

PLINE 命令用来创建二维多段线。多段线是由几段线段和圆弧构成的连续线条，它是一个单独的图形对象。二维多段线具有以下特点。

(1) 能够设定多段线中线段及圆弧的宽度。

(2) 可以利用有宽度的多段线形成实心圆、圆环或带锥度的粗线等。

(3) 能在指定的线段交点处或对整条多段线进行倒圆角或倒斜角处理。

编辑多段线的命令是 PEDIT，该命令可以修改整条多段线的宽度值或分别控制各段的宽度值。此外，用户还可通过该命令将线段、圆弧构成的连续线编辑成一条多段线。

二、 创建构造线

XLINE 命令可以绘制出无限长的构造线，利用它能直接绘制出水平方向、竖直方向及倾斜方向的直线，作图过程中采用此命令绘制定位线或绘图辅助线是很方便的。

三、 绘制射线

RAY 命令创建无限延伸的单向射线。操作时，用户只需指定射线的起点及另一通过点即可。该命令可一次创建多条射线。

4.2.2 范例解析——绘制及编辑多段线

【练习4-8】 利用 LINE、PLINE 及 PEDIT 等命令绘制如图 4-15 所示的图形。

1. 创建两个图层。

名称	颜色	线型	线宽
轮廓线层	白色	Continuous	0.5
中心线层	蓝色	Center	默认

2. 设定线型总体比例因子为 0.2。设定绘图区域大小为 100×100，单击【标准】工具栏 🔍 按钮使绘图区域充满整个图形窗口显示出来。

3. 打开极轴追踪、对象捕捉及自动追踪功能。指定极轴追踪角度增量为 90°；设定对象捕捉方式为"端点"、"交点"。

4. 利用 LINE、CIRCLE 及 TRIM 命令绘制定位中心线及闭合线框 A，如图 4-16 所示。再用 PEDIT 命令将线框 A 编辑成一条多段线。单击【修改】/【对象】/【多段线】或输入命令代号 PEDIT，启动编辑多段线命令。

```
命令: pedit
选择多段线或 [多条(M)]:                           //选择线框 A 中的一条线段
是否将其转换为多段线？<Y>                          //按 Enter 键
输入选项 [闭合(C)/合并(J)/宽度(W)/编辑顶点(E)/拟合(F)/样条曲线(S)/非曲线化(D)/线型
生成(L)/放弃(U)]: j                                //使用选项"合并(J)"
```

选择对象:总计 11 个　　　　　　　　　　　　　//选择线框 A 中的其余线条

选择对象:　　　　　　　　　　　　　　　　　//按 Enter 键

输入选项 [打开(O)/合并(J)/宽度(W)/编辑顶点(E)/拟合(F)/样条曲线(S)/非曲线化(D)/线型生成(L)/放弃(U)]:　　　　　　　　　　//按 Enter 键结束

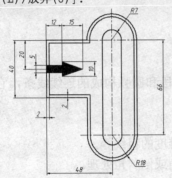

图4-15　利用多段线构图

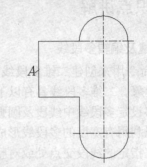

图4-16　绘制线框 A 及定位线

5. 利用 OFFSET 命令向内偏移线框 A，偏移距离为 2，结果如图 4-17 所示。

6. 利用 PLINE 命令绘制长槽及箭头，如图 4-18 所示。单击【绘图】工具栏上的 按钮或输入命令代号 PLINE，启动绘制多段线命令。

命令: _pline

指定起点: 7　　　　　　　　　　　　　　　　//从 B 点向右追踪并输入追踪距离

指定下一个点或 [圆弧(A)/半宽(H)/长度(L)/放弃(U)/宽度(W)]:

　　　　　　　　　　　　　　　　　　　　//从 C 点向上追踪并捕捉交点 D

指定下一点或 [圆弧(A)/闭合(C)/半宽(H)/长度(L)/放弃(U)/宽度(W)]: a

　　　　　　　　　　　　　　　　　　　　//使用"圆弧(A)"选项

指定圆弧的端点或[角度(A)/圆心(CE)/闭合(CL)/方向(D)/半宽(H)/直线(L)/半径(R)/第二个点(S)/放弃(U)/宽度(W)]: 14　　　　　//从 D 点向左追踪并输入追踪距离

指定圆弧的端点或[角度(A)/圆心(CE)/闭合(CL)/方向(D)/半宽(H)/直线(L)/半径(R)/第二个点(S)/放弃(U)/宽度(W)]: l　　　　　//使用"直线(L)"选项

指定下一点或 [圆弧(A)/闭合(C)/半宽(H)/长度(L)/放弃(U)/宽度(W)]:

　　　　　　　　　　　　　　　　　　　　//从 E 点向下追踪并捕捉交点 F

指定下一点或 [圆弧(A)/闭合(C)/半宽(H)/长度(L)/放弃(U)/宽度(W)]: a

　　　　　　　　　　　　　　　　　　　　//使用"圆弧(A)"选项

指定圆弧的端点或[角度(A)/圆心(CE)/闭合(CL)/方向(D)/半宽(H)/直线(L)/半径(R)/第二个点(S)/放弃(U)/宽度(W)]:　　　　　//从 F 点向右追踪并捕捉端点 C

指定圆弧的端点或[角度(A)/圆心(CE)/闭合(CL)/方向(D)/半宽(H)/直线(L)/半径(R)/第二个点(S)/放弃(U)/宽度(W)]:　　　　　//按 Enter 键结束

命令:PLINE　　　　　　　　　　　　　　　　//重复命令

指定起点: 20　　　　　　　　　　　　　　　　//从 G 点向下追踪并输入追踪距离

指定下一个点或 [圆弧(A)/半宽(H)/长度(L)/放弃(U)/宽度(W)]: w

　　　　　　　　　　　　　　　　　　　　//使用"宽度(W)"选项

指定起点宽度 <0.0000>: 5　　　　　　　　　//输入多段线起点宽度值

指定端点宽度 <5.0000>:　　　　　　　　　　//按 Enter 键

指定下一个点或 [圆弧(A)/半宽(H)/长度(L)/放弃(U)/宽度(W)]: 12

//向右追踪并输入追踪距离

指定下一点或 [圆弧(A)/闭合(C)/半宽(H)/长度(L)/放弃(U)/宽度(W)]: w

//使用"宽度(W)"选项

指定起点宽度 <5.0000>: 10　　　　　　　//输入多段线起点宽度值

指定端点宽度 <10.0000>: 0　　　　　　　//输入多段线终点宽度值

指定下一点或 [圆弧(A)/闭合(C)/半宽(H)/长度(L)/放弃(U)/宽度(W)]: 15

//向右追踪并输入追踪距离

指定下一点或 [圆弧(A)/闭合(C)/半宽(H)/长度(L)/放弃(U)/宽度(W)]:

//按 Enter 键结束

【练习4-9】　利用 LINE、PLINE 及 PEDIT 等命令绘制如图 4-19 所示的图形。

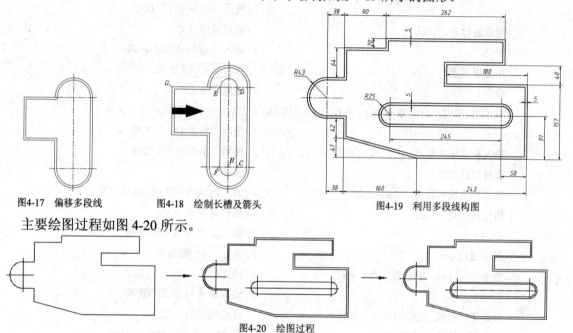

图4-17　偏移多段线　　　　图4-18　绘制长槽及箭头　　　　图4-19　利用多段线构图

主要绘图过程如图 4-20 所示。

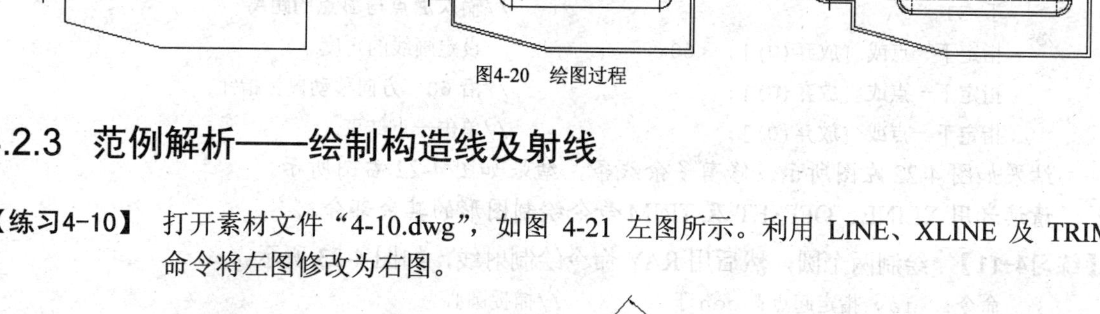

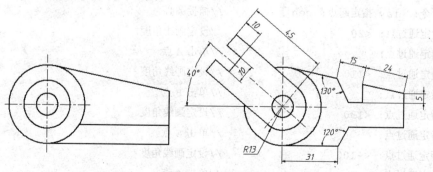

图4-20　绘图过程

4.2.3　范例解析——绘制构造线及射线

【练习4-10】　打开素材文件"4-10.dwg",如图 4-21 左图所示。利用 LINE、XLINE 及 TRIM 命令将左图修改为右图。

图4-21　绘制倾斜线段

1. 用 XLINE 命令绘制直线 G、H、I，用 LINE 命令画斜线 J，如图 4-22 左图所示。修剪多余线条，结果如图 4-22 右图所示。单击【绘图】工具栏上的 ✐ 按钮或输入命令代号 XLINE，启动绘制构造线命令。

命令: _xline 指定点或 [水平(H)/垂直(V)/角度(A)/二等分(B)/偏移(O)]: v	//使用"垂直(V)"选项
指定通过点: ext	//捕捉延伸点 B
于 24	//输入 B 点与 A 点的距离
指定通过点:	//按 Enter 键结束
命令:	//重复命令
XLINE 指定点或 [水平(H)/垂直(V)/角度(A)/二等分(B)/偏移(O)]: h	
	//使用"水平(H)"选项
指定通过点: ext	//捕捉延伸点 C
于 5	//输入 C 点与 A 点的距离
指定通过点:	//按 Enter 键结束
命令:	//重复命令
XLINE 指定点或 [水平(H)/垂直(V)/角度(A)/二等分(B)/偏移(O)]: a	
	//使用"角度(A)"选项
输入构造线的角度 (0) 或 [参照(R)]: r	//使用"参照(R)"选项
选择直线对象:	//选择线段 AB
输入构造线的角度 <0>: 130	//输入构造线与线段 AB 的夹角
指定通过点: ext	//捕捉延伸点 D
于 39	//输入 D 点与 A 点的距离
指定通过点:	//按 Enter 键结束
命令: _line 指定第一点: ext	//捕捉延伸点 F
于 31	//输入 F 点与 E 点的距离
指定下一点或 [放弃(U)]: <60	//设定画线的角度
指定下一点或 [放弃(U)]:	//沿 60° 方向移动鼠标指针
指定下一点或 [放弃(U)]:	//单击一点结束

结果如图 4-22 左图所示。修剪多余线条，结果如图 4-22 右图所示。

2. 请读者用 XLINE、OFFSET 及 TRIM 命令绘制图形的其余部分。

【练习4-11】 绘制两个圆，然后用 RAY 命令绘制射线，如图 4-23 所示。

命令: _ray 指定起点: cen 于	//捕捉圆心
指定通过点: <20	//设定画线角度
指定通过点:	//单击 A 点
指定通过点: <110	//设定画线角度
指定通过点:	//单击 B 点
指定通过点: <130	//设定画线角度
指定通过点:	//单击 C 点
指定通过点: <-100	//设定画线角度
指定通过点:	//单击 D 点
指定通过点:	//按 Enter 键结束

结果如图 4-23 所示。

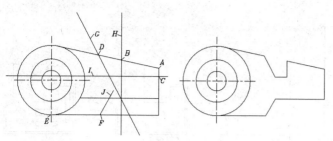

图4-22 绘制直线 G、H 等

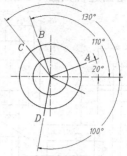

图4-23 画射线

【练习4-12】 利用 LINE、XLINE 及 TRIM 等命令绘制如图 4-24 所示平面图形。

【知识链接】

　　XLINE 命令的常用选项如下。

- 水平(H)：绘制水平方向直线。
- 垂直(V)：绘制竖直方向直线。
- 角度(A)：通过某点绘制一个与已知线段成一定角度的直线。
- 二等分(B)：绘制一条平分已知角度的直线。
- 偏移(O)：可输入一个平移距离绘制平行线，或指定直线通过的点来创建新平行线。

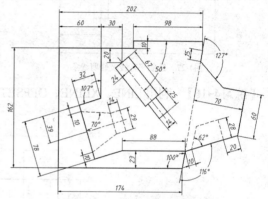

图4-24 用 XLINE 及 TRIM 等命令绘图

4.2.4　课堂练习

【练习4-13】 利用 LINE、PLINE、PEDIT 及 RAY 等命令绘制如图 4-25 所示的图形。

【练习4-14】 利用 LINE、XLINE 及 OFFSET 等命令绘制如图 4-26 所示的图形。

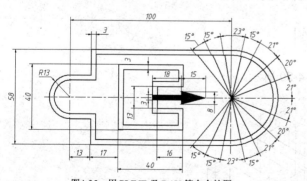

图4-25 用 PLINE 及 RAY 等命令绘图

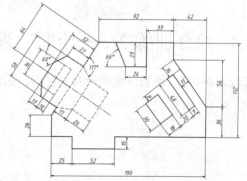

图4-26 利用 XLINE 及 OFFSET 等命令绘图

4.3　综合训练 1——绘制直线构成的平面图形

【练习4-15】 利用 OFFSET 及 TRIM 等命令绘制平面图形，如图 4-27 所示。

主要绘图过程如图 4-28 所示。

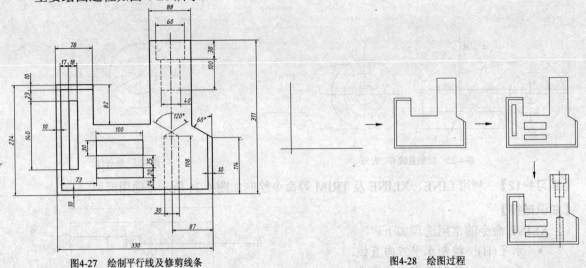

图4-27　绘制平行线及修剪线条　　　　　　　　　　图4-28　绘图过程

【练习4-16】　利用 LINE、XLINE、OFFSET 及 TRIM 等命令绘制平面图形，如图 4-29 所示。

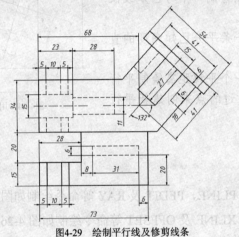

图4-29　绘制平行线及修剪线条

4.4　综合训练 2——绘制三视图

【练习4-17】　根据轴测图绘制三视图，如图 4-30 所示。

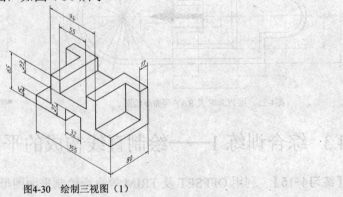

图4-30　绘制三视图（1）

主要绘图过程如图 4-31 所示。

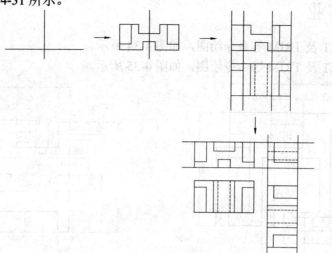

图4-31 绘图过程

绘制三视图时，可用 **XLINE** 命令绘制竖直投影线向俯视图投影，也可将俯视图复制到新位置并旋转 90°，然后绘制水平及竖直投影线向左视图投影。

【**练习4-18**】 根据轴测图及视图轮廓绘制三视图，如图 4-32 所示。

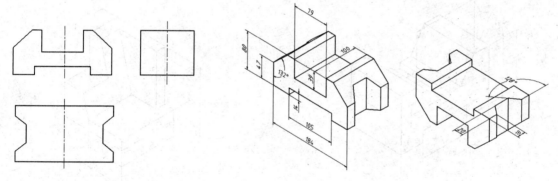

图4-32 绘制三视图（2）

【**练习4-19**】 根据轴测图绘制三视图，如图 4-33 所示。

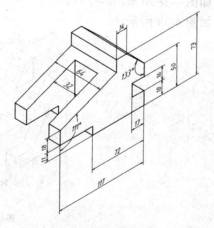

图4-33 绘制三视图（3）

4.5　课后作业

1. 利用 OFFSET 及 TRIM 等命令绘图，如图 4-34 所示。
2. 利用 OFFSET 及 TRIM 等命令绘图，如图 4-35 所示。

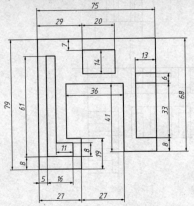

图4-34　绘制平行线及修剪线条（1）

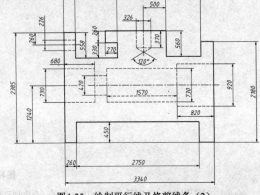

图4-35　绘制平行线及修剪线条（2）

3. 根据轴测图绘制三视图，如图 4-36 所示。
4. 根据轴测图绘制三视图，如图 4-37 所示。

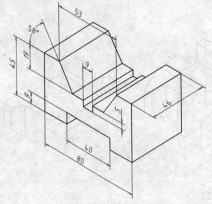

图4-36　绘制三视图（4）

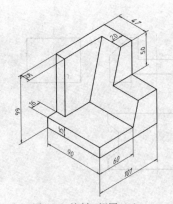

图4-37　绘制三视图（5）

5. 根据轴测图绘制三视图，如图 4-38 所示。
6. 根据轴测图绘制三视图，如图 4-39 所示。

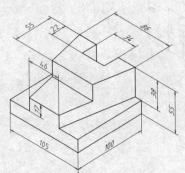

图4-38　绘制三视图（6）

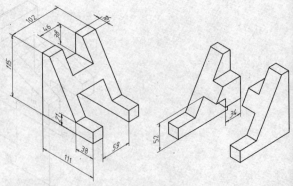

图4-39　绘制三视图（7）

第 **5** 讲

绘制圆及圆弧连接

- 绘制切线及圆弧连接。

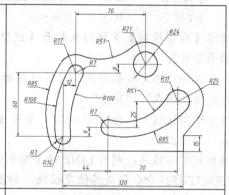

- 绘制线段、圆及倒圆角和倒斜角。

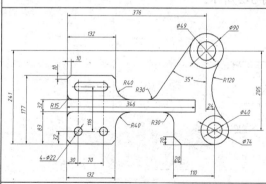

- 根据轴测图绘制三视图。

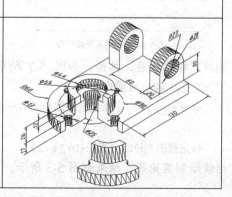

5.1　绘制切线、圆弧、圆及圆弧连接

本节介绍绘制切线、圆及圆弧连接的方法。

5.1.1　知识点讲解

可用 LINE 命令并结合切点捕捉 "TAN" 来绘制切线。

可用 CIRCLE 命令绘制圆及圆弧连接。默认的画圆方法是指定圆心和半径。此外，还可通过两点或三点来画圆。

5.1.2　范例解析——绘制切线及圆弧连接关系

【练习5-1】　利用 CIRCLE 及 TRIM 命令绘制如图 5-1 所示的图形。

1.　创建两个图层。

名称	颜色	线型	线宽
轮廓线层	白色	Continuous	0.5
中心线层	蓝色	Center	默认

2.　通过【线型控制】下拉列表打开【线型管理器】对话框，在此对话框中设定线型总体比例因子为 0.2。

3.　打开极轴追踪、对象捕捉及自动追踪功能。指定极轴追踪角度增量为 90°；设定对象捕捉方式为 "端点"、"交点"。

4.　设定绘图区域大小为 100×100。单击【标准】工具栏上的 ⊕ 按钮使绘图区域充满整个图形窗口显示出来。

5.　切换到中心线层，利用 LINE 命令绘制圆的定位线 A、B，其长度约为 35，再用 OFFSET 及 LENGTHEN 命令形成其他定位线，如图 5-2 所示。

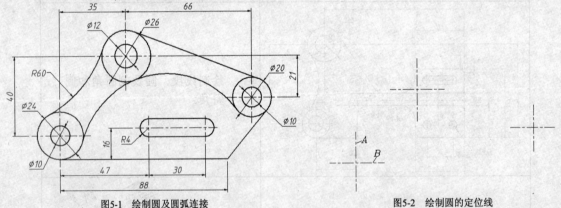

图5-1　绘制圆及圆弧连接　　　　　　　　图5-2　绘制圆的定位线

6.　切换到轮廓线层，画圆，如图 5-3 所示。单击【绘图】工具栏上的 ⊘ 按钮或输入命令代号 CIRCLE，启动画圆命令。

　　　　命令：_circle 指定圆的圆心或 [三点(3P)/两点(2P)/相切、相切、半径(T)]：
　　　　　　　　　　　　　　　　　　　　　//捕捉 C 点

　　　　指定圆的半径或 [直径(D)]：12　　　//输入圆半径

继续绘制其他圆，结果如图 5-3 所示。

7. 利用 CIRCLE 命令绘制相切圆，然后修剪多余线条，如图 5-4 所示。

命令：_circle 指定圆的圆心或 [三点(3P)/两点(2P)/相切、相切、半径(T)]：3p

                                           //使用"三点(3P)"选项

指定圆上的第一点：tan 到   //捕捉切点 D

指定圆上的第二点：tan 到   //捕捉切点 E

指定圆上的第三点：tan 到   //捕捉切点 F

命令：   //重复命令

CIRCLE 指定圆的圆心或 [三点(3P)/两点(2P)/相切、相切、半径(T)]：t

                                    //利用"相切、相切、半径(T)"选项

指定对象与圆的第一个切点：   //捕捉切点 G

指定对象与圆的第二个切点：   //捕捉切点 H

指定圆的半径 <10.8258>:60   //输入圆半径

再修剪多余线条，结果如图 5-4 所示。

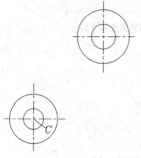

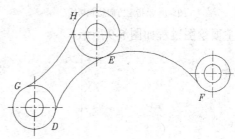

图5-3 画圆（1）   图5-4 画圆（2）

8. 请读者用 LINE、CIRCLE 及 TRIM 等命令绘制图形的其余部分。

【练习5-2】 利用 LINE、CIRCLE 及 TRIM 等命令绘制如图 5-5 所示的图形。

    主要绘图过程如图 5-6 所示。

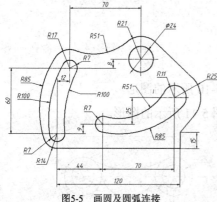
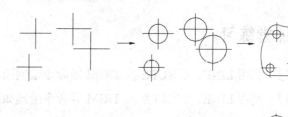

图5-5 画圆及圆弧连接   图5-6 绘图过程

【知识链接】

    CIRCLE 命令的常用选项如下。

- 三点(3P)：输入 3 个点绘制圆周。
- 两点(2P)：指定直径的两个端点画圆。
- 相切、相切、半径(T)：选取与圆相切的两个对象，然后输入圆半径。

5.1.3　范例解析——沿指定方向绘制圆弧切线

沿指定方向绘制圆切线的步骤如图 5-7 所示，先用 XLINE 命令绘制过圆心的斜线，然后用 OFFSET 命令偏移该线，偏移距离为圆半径。偏移后的新线就是沿指定方向的圆的切线。

【练习5-3】　利用 LINE、CIRCLE 及 TRIM 等命令绘制如图 5-8 所示的图形。

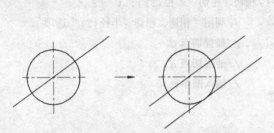

图5-7　沿指定方向绘制切线

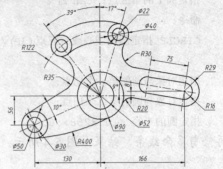

图5-8　画圆及圆弧连接（1）

主要绘图过程如图 5-9 所示。

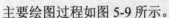

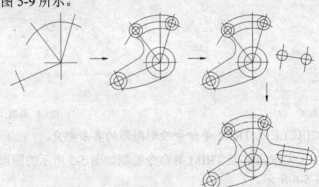

图5-9　绘图过程

5.1.4　课堂练习

【练习5-4】　利用 LINE、CIRCLE 及 TRIM 等命令绘制图 5-10 所示的图形。

【练习5-5】　利用 LINE、CIRCLE 及 TRIM 等命令绘制如图 5-11 所示的图形。

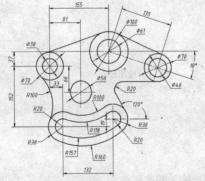

图5-10　画圆及圆弧连接（2）

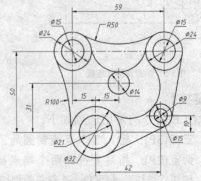

图5-11　画圆及圆弧连接（3）

【练习5-6】 利用 LINE、CIRCLE 及 TRIM 等命令绘制如图 5-12 所示的图形。

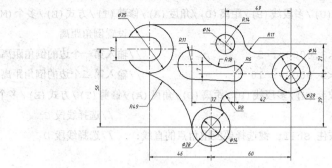

图5-12 画圆及圆弧连接

5.2 倒圆角及倒斜角

本节介绍倒圆角及倒斜角的方法。

5.2.1 知识点讲解

一、 倒圆角

可用 FILLET 命令倒圆角，倒圆角是利用指定半径的圆弧光滑地连接两个对象，操作的对象包括直线、多段线、样条线、圆及圆弧等。

二、 倒斜角

可用 CHAMFE 命令倒斜角，倒斜角使用一条斜线连接两个对象，倒角时既可以输入每条边的倒角距离，也可以指定某条边上倒角的长度及与此边的夹角。

5.2.2 范例解析——绘制线段、圆及倒圆角和倒斜角

【练习5-7】 打开素材文件"5-7.dwg"，如图 5-13 左图所示。用 FILLET 及 CHAMFER 命令将左图修改为右图。

1. 创建圆角，如图 5-14 所示。单击【修改】工具栏上的 按钮或输入命令代号 FILLET，启动创建圆角命令。

```
命令: _fillet
选择第一个对象或 [放弃(U)/多段线(P)/半径(R)/修剪(T)/多个(M)]: r
                                    //设置圆角半径
指定圆角半径 <3.0000>: 5            //输入圆角半径值
选择第一个对象或 [放弃(U)/多段线(P)/半径(R)/修剪(T)/多个(M)]:
                                    //选择线段 A
选择第二个对象，或按住 Shift 键选择要应用角点的对象:
                                    //选择线段 B
```

结果如图 5-14 所示。

2. 创建倒角，如图 5-14 所示。单击【修改】工具栏上的 按钮或输入命令代号 CHAMFER，启动创建倒角命令。

命令: _chamfer

选择第一条直线[放弃(U)/多段线(P)/距离(D)/角度(A)/修剪(T)/方式(E)/多个(M)]:　d

　　　　　　　　　　　　　　　　　　　　　　　　　//设置倒角距离

指定第一个倒角距离 <3.0000>: 5　　　　　　　　　　//输入第一个边的倒角距离

指定第二个倒角距离 <5.0000>: 10　　　　　　　　　　//输入第二个边的倒角距离

选择第一条直线或 [放弃(U)/多段线(P)/距离(D)/角度(A)/修剪(T)/方式(E)/多个(M)]:

　　　　　　　　　　　　　　　　　　　　　　　　　//选择线段 C

选择第二条直线，或按住 Shift 键选择要应用角点的直线:　　//选择线段 D

结果如图 5-14 所示。

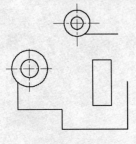
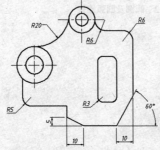
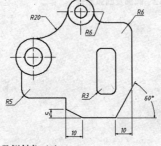
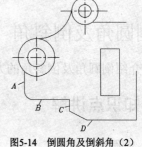

图5-13　倒圆角及倒斜角（1）　　　　　　　　　图5-14　倒圆角及倒斜角（2）

3.　请读者创建其余圆角及斜角。

【练习5-8】　利用 LINE、CIRCLE、FILLET 及 CHAMFER 等命令绘制平面图形，如图 5-15 所示。

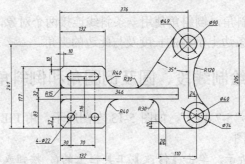

图5-15　倒圆角及倒斜角（3）

主要绘图过程如图 5-16 所示。

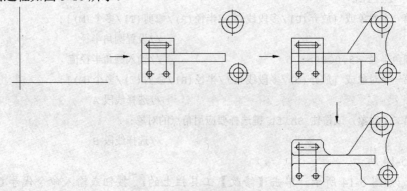

图5-16　绘图过程

【知识链接】

FILLET 及 CHAMFER 命令的常用选项如表 5-1 所示。

表 5-1　　　　　　　　　　　　　命令选项的功能

命令	选项	功能
FILLET	多段线(P)	对多段线的每个顶点进行倒圆角操作
	半径(R)	设定圆角半径。若圆角半径为 0，则系统将使被倒圆角的两个对象交于一点
	修剪(T)	指定倒圆角操作后是否修剪对象
	多个(M)	可一次创建多个圆角
	按住 Shift 键选择要应用角点的对象	若按住 Shift 键选择第二个圆角对象时，则以 0 值替代当前的圆角半径
CHAMFER	多段线(P)	对多段线的每个顶点执行倒斜角操作
	距离(D)	设定倒角距离。若倒角距离为 0，则系统将使被倒角的两个对象交于一点
	角度(A)	指定倒角距离及倒角角度
	修剪(T)	设置倒斜角时是否修剪对象
	多个(M)	可一次创建多个圆角
	按住 Shift 键选择要应用角点的直线	若按住 Shift 键选择第二个倒角对象时，则以 0 值替代当前的倒角距离

5.2.3　范例解析——用 FILLET 命令创建过渡圆弧

【练习5-9】　用 LINE、CIRCLE、FILLET 及 TRIM 等命令绘制如图 5-17 所示平面图形。

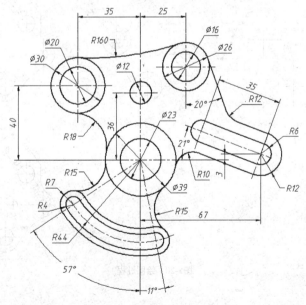

图5-17　画圆及圆弧连接（1）

主要绘图过程如图 5-18 所示。

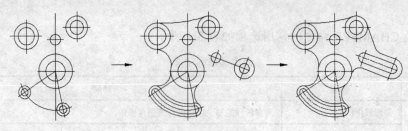

图5-18　绘图过程

【练习5-10】　利用 LINE、CIRCLE、FILLET 及 TRIM 等命令绘制如图 5-19 所示平面图形。

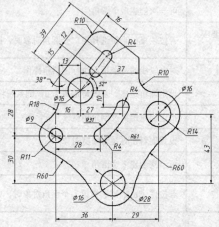

图5-19　画圆及圆弧连接（2）

主要绘图过程如图 5-20 所示。

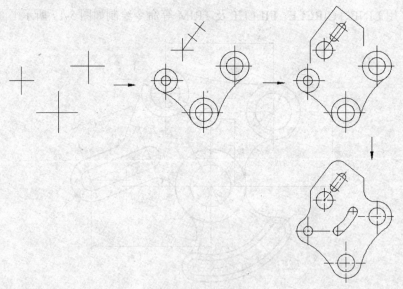

图5-20　绘图过程

5.2.4　课堂练习

【练习5-11】　利用 LINE、CIRCLE、FILLET 及 CHAMFER 等命令绘制如图 5-21 所示的图形。

【练习5-12】　利用 LINE、CIRCLE、FILLET 及 CHAMFER 等命令绘制如图 5-22 所示的图形。

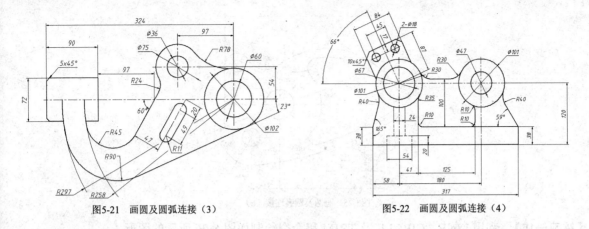

图5-21 画圆及圆弧连接（3）　　　　图5-22 画圆及圆弧连接（4）

5.3 综合训练1——绘制复杂圆弧连接

【练习5-13】 利用 LINE、CIRCLE、FILLET 及 TRIM 等命令绘制如图 5-23 所示的图形。

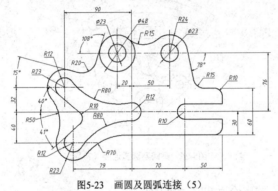

图5-23 画圆及圆弧连接（5）

主要绘图过程如图 5-24 所示。

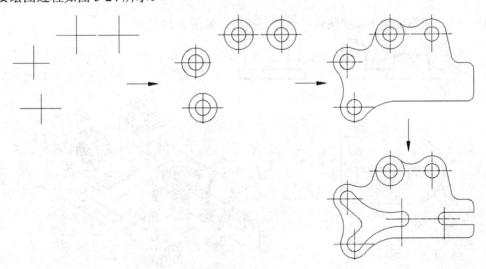

图5-24 绘图过程

【练习5-14】 利用 LINE、CIRCLE 及 TRIM 等命令绘制如图 5-25 所示的图形。

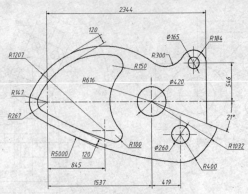

图5-25 画圆及圆弧连接（6）

【练习5-15】 利用 LINE、CIRCLE 及 TRIM 等命令绘制如图 5-26 所示的图形。

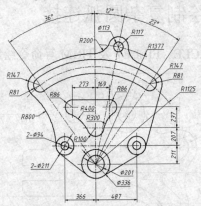

图5-26 画圆及圆弧连接（7）

5.4 综合训练 2——绘制三视图

【练习5-16】 根据轴测图及视图轮廓绘制三视图，如图 5-27 所示。

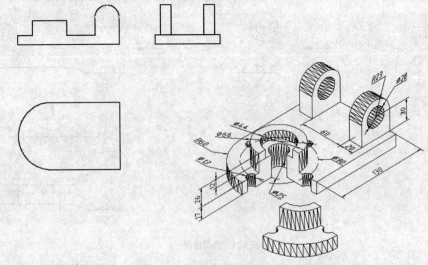

图5-27 绘制三视图（1）

主要绘图过程如图 5-28 所示。

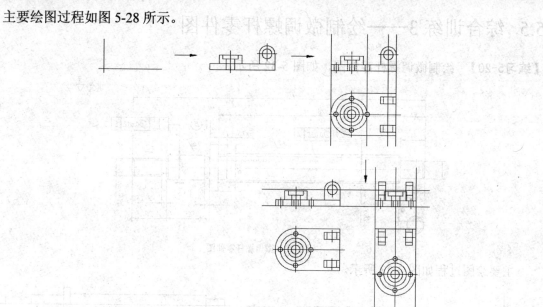

图5-28　绘图过程

【练习5-17】　根据轴测图及视图轮廓绘制主、俯视图，如图 5-29 所示。

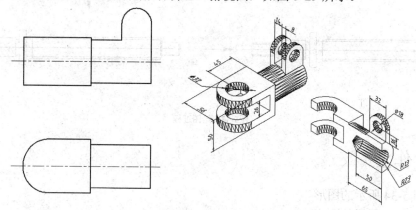

图5-29　绘制三视图（2）

【练习5-18】　根据轴测图绘制三视图，如图 5-30 所示。

【练习5-19】　根据轴测图绘制三视图，如图 5-31 所示。

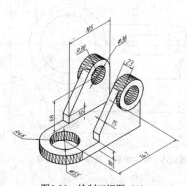

图5-30　绘制三视图（3）

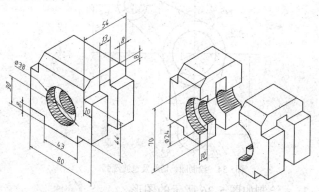

图5-31　绘制三视图（4）

5.5　综合训练 3——绘制微调螺杆零件图

【练习5-20】　绘制微调螺杆零件图，如图 5-32 所示。

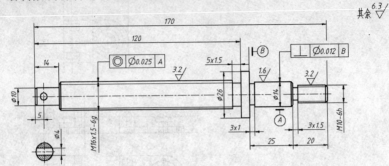

图5-32　微调螺杆零件图

主要绘图过程如图 5-33 所示。

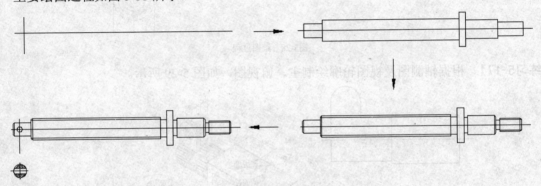

图5-33　绘图过程

5.6　课后作业

1.　绘制如图 5-34 所示的图形。
2.　绘制如图 5-35 所示的图形。

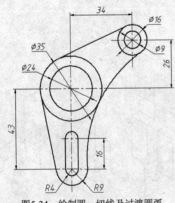

图5-34　绘制圆、切线及过渡圆弧

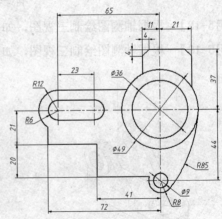

图5-35　绘制线段、圆及过渡圆弧等

3.　绘制如图 5-36 所示的图形。

4. 根据轴测图绘制三视图，如图 5-37 所示。

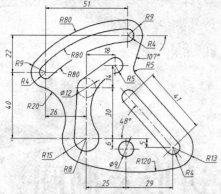

图5-36 画圆弧连接

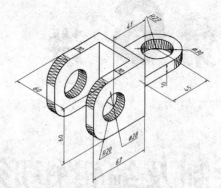

图5-37 绘制三视图（1）

5. 根据轴测图绘制三视图，如图 5-38 所示。

6. 根据轴测图绘制三视图，如图 5-39 所示。

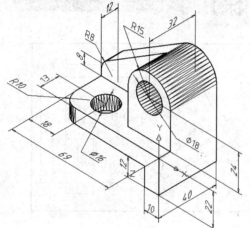

图5-38 绘制三视图（2）

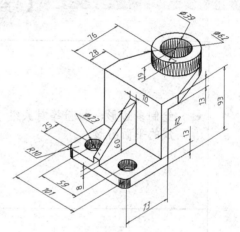

图5-39 绘制三视图（3）

第 **6** 讲

绘制及编辑矩形、多边形及椭圆

- 绘制多边形、椭圆等对象组成的平面图形。

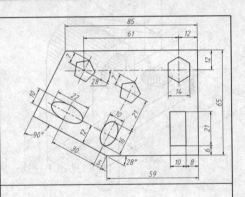

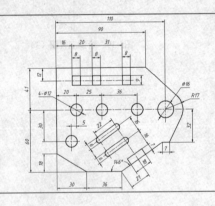

- 利用复制及旋转命令绘图。

- 根据轴测图绘制三视图。

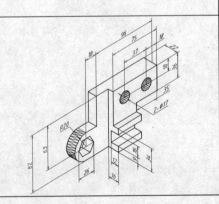

6.1 绘制矩形、多边形及椭圆

本节介绍绘制矩形、多边形及椭圆的方法。

6.1.1 知识点讲解

一、 绘制矩形

RECTANG 命令用于绘制矩形，用户只需指定矩形对角线的两个端点就能绘制出矩形。绘制时，可指定顶点处的倒角距离及圆角半径。

二、 绘制正多边形

POLYGON 命令用于绘制正多边形。多边形的边数可以从 3 到 1024。绘制方式包括根据外接圆生成多边形，或是根据内切圆生成多边形。

三、 绘制椭圆

ELLIPSE 命令创建椭圆。画椭圆的默认方法是指定椭圆第一根轴线的两个端点及另一轴长度的一半。另外，也可通过指定椭圆中心、第一轴的端点及另一轴线的半轴长度来创建椭圆。

6.1.2 范例解析——绘制多边形、椭圆等对象组成的平面图形

【练习6-1】 利用 RECTANG、POLYGON 及 ELLIPSE 等命令绘图，如图 6-1 所示。

1. 创建两个图层。

名称	颜色	线型	线宽
轮廓线层	白色	Continuous	0.5
中心线层	蓝色	Center	默认

2. 通过【线型控制】下拉列表打开【线型管理器】对话框，在此对话框中设定线型总体比例因子为 0.2。

3. 打开极轴追踪、对象捕捉及自动追踪功能。指定极轴追踪角度增量为 90°；设定对象捕捉方式为"端点"、"交点"。

4. 设定绘图区域大小为 100×100。单击【标准】工具栏上的 按钮使绘图区域充满整个图形窗口显示出来。

5. 切换到轮廓线层，用 LINE 命令画图形的外轮廓线，再绘制矩形，如图 6-2 所示。单击【绘图】工具栏上的 按钮或输入命令代号 RECTANG，启动绘制矩形命令。

   命令: _rectang

   指定第一个角点或 [倒角(C)/标高(E)/圆角(F)/厚度(T)/宽度(W)]: from

   //使用正交偏移捕捉

   基点: //捕捉交点 A

   <偏移>: @-8,6 //输入 B 点的相对坐标

   指定另一个角点或 [面积(A)/尺寸(D)/旋转(R)]: @-10,21 //输入 C 点的相对坐标

   结果如图 6-2 所示。

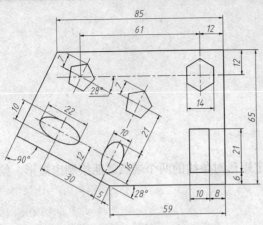

图6-1　绘制矩形、正多边形及椭圆

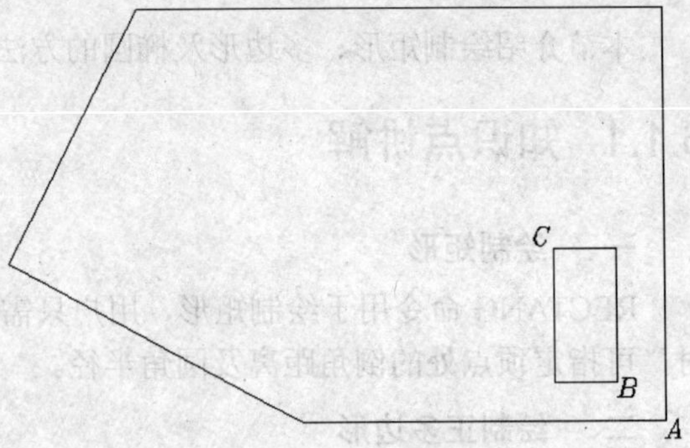

图6-2　绘制外轮廓线及矩形

6. 用 OFFSET、LINE 命令形成六边形及椭圆的定位线，然后绘制六边形及椭圆，如图 6-3 所示。

(1) 单击【绘图】工具栏上的 ⬡ 按钮或输入命令代号 POLYGON，启动绘制多边形命令。

命令：_polygon 输入边的数目 <4>: 6　　　　　//输入多边形的边数

指定正多边形的中心点或 [边(E)]:　　　　　　//捕捉交点 D

输入选项 [内接于圆(I)/外切于圆(C)] < I >: c //按外切于圆的方式绘制多边形

指定圆的半径: @7<0　　　　　　　　　　　//输入 E 点的相对坐标

(2) 单击【绘图】工具栏上的 ⬭ 按钮或输入命令代号 ELLIPSE，启动绘制椭圆命令。

命令：_ellipse

指定椭圆的轴端点或 [圆弧(A)/中心点(C)]: c　//使用"中心点(C)"选项

指定椭圆的中心点:　　　　　　　　　　　　//捕捉 F 点

指定轴的端点: @8<62　　　　　　　　　　　//输入 G 点的相对坐标

指定另一条半轴长度或 [旋转(R)]: 5　　　　　//输入另一半轴长度

结果如图 6-3 所示。

7. 请读者绘制图形的其余部分，然后修改定位线所在的图层。

【练习6-2】 利用 RECTANG、POLYGON 及 ELLIPSE 等命令绘图，如图 6-4 所示。

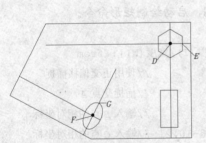

图6-3　绘制六边形及椭圆

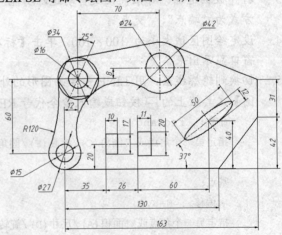

图6-4　绘制矩形、正多边形及椭圆（1）

主要绘图过程如图 6-5 所示。

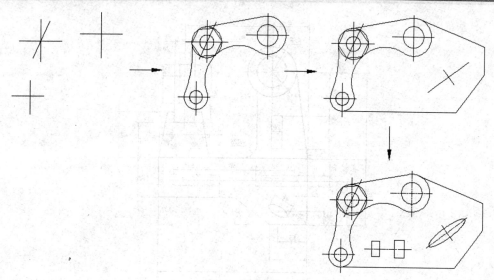

图6-5　绘图过程

【知识链接】

RECTANG、POLYGON 及 ELLIPSE 命令的常用选项如表 6-1 所示。

表 6-1　　　　　　　　　　　　　　　命令选项的功能

命令	选项	功能
RECTANG	倒角(C)	指定矩形各顶点倒斜角的大小
	圆角(F)	指定矩形各顶点倒圆角半径
	宽度(W)	设置矩形边的线宽
	面积(A)	先输入矩形面积，再输入矩形长度或宽度值来创建矩形
	尺寸(D)	输入矩形的长、宽尺寸创建矩形
	旋转(R)	设定矩形的旋转角度
POLYGON	边(E)	输入多边形边数后，再指定某条边的两个端点即可绘出多边形
	内接于圆(I)	根据外接圆生成正多边形
	外切于圆(C)	根据内切圆生成正多边形
ELLIPSE	圆弧(A)	绘制一段椭圆弧。过程是先绘制一个完整的椭圆，随后 AutoCAD 提示用户指定椭圆弧的起始角及终止角
	中心点(C)	通过椭圆中心点及长轴、短轴来绘制椭圆
	旋转(R)	按旋转方式绘制椭圆，即 AutoCAD 将圆绕直径转动一定角度后，再投影到平面上形成椭圆

6.1.3　课堂练习

【练习6-3】　利用 RECTANG、POLYGON 及 ELLIPSE 等命令绘图，如图 6-6 所示。

【练习6-4】　利用 RECTANG、POLYGON 及 ELLIPSE 等命令绘图，如图 6-7 所示。

【练习6-5】　利用 RECTANG、POLYGON 及 ELLIPSE 等命令绘图，如图 6-8 所示。

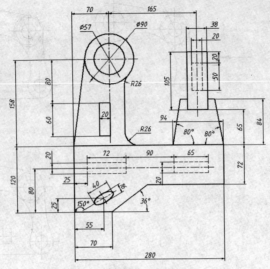

图6-6　绘制矩形、正多边形及椭圆（2）

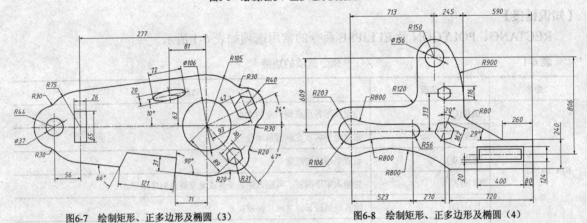

图6-7　绘制矩形、正多边形及椭圆（3）　　　　图6-8　绘制矩形、正多边形及椭圆（4）

6.2　移动、复制及旋转对象

本节介绍移动、复制及旋转对象的方法。

6.2.1　知识点讲解

一、　移动及复制对象

移动及复制图形的命令分别是 MOVE 和 COPY，这两个命令的使用方法相似。启动 MOVE 或 COPY 命令后，首先选择要移动或复制的对象，然后通过两点或直接输入位移值指定对象移动的距离和方向，AutoCAD 就将图形元素从原位置移动或复制到新位置。

二、　旋转对象

ROTATE 命令可以旋转图形对象，改变图形对象方向。使用此命令时，用户指定旋转基点并输入旋转角度就可以转动图形实体。此外，也可以某个方位作为参照位置，然后选择一个新对象或输入一个新角度值来指明要旋转到的位置。

6.2.2 范例解析——利用复制命令绘图

【练习6-6】 打开素材文件"dwg\第 6 章\6-6.dwg",如图 6-9 左图所示。用 MOVE 及 COPY 等
命令将左图修改为右图。

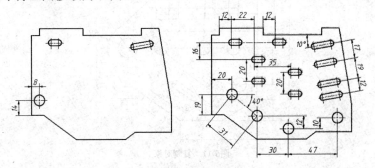

图6-9 移动及复制对象

1. 移动及复制对象,如图 6-10 所示。

命令:_move	
选择对象:指定对角点:找到 3 个	//选择对象 A
选择对象:	//按 Enter 键确认
指定基点或 [位移(D)] <位移>: 12,5	//输入沿 x、y 轴移动的距离
指定第二个点或 <使用第一个点作为位移>:	//按 Enter 键结束
命令:_copy	
选择对象:指定对角点:找到 7 个	//选择对象 B
选择对象:	//按 Enter 键确认
指定基点或 [位移(D)/模式(O)] <位移>:	//捕捉交点 C
指定第二个点或 <使用第一个点作为位移>:	//捕捉交点 D
指定第二个点或 [退出(E)/放弃(U)] <退出>:	//按 Enter 键结束
命令:_copy	//重复命令
选择对象:指定对角点:找到 7 个	//选择对象 E
选择对象:	//按 Enter 键
指定基点或 [位移(D)/模式(O)] <位移>: 17<-80	//指定复制的距离及方向
指定第二个点或 <使用第一个点作为位移>:	//按 Enter 键结束

结果如图 6-9 右图所示。

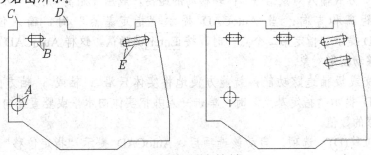

图6-10 移动对象 A 及复制对象 B、E

2. 请读者绘制图形其余部分。

【练习6-7】 利用 LINE、CIRCLE 及 COPY 等命令绘制平面图形，如图 6-11 所示。

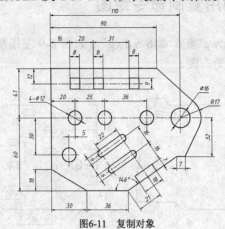

图6-11　复制对象

主要绘图过程如图 6-12 所示。

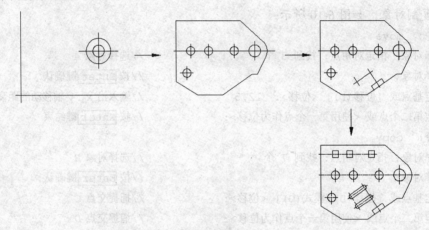

图6-12　绘图过程

【知识链接】

使用 MOVE 或 COPY 命令时，可通过以下方式指明对象移动或复制的距离和方向。

- 在屏幕上指定两个点，这两点的距离和方向代表了实体移动的距离和方向。当 AutoCAD 提示"指定基点"时，指定移动的基准点。在 AutoCAD 提示"指定第二个点"时，捕捉第二点或输入第二点相对于基准点的相对直角坐标或极坐标。

- 以"X,Y"方式输入对象沿 x、y 轴移动的距离，或用"距离<角度"方式输入对象位移的距离和方向。当 AutoCAD 提示"指定基点"时，输入位移值。在 AutoCAD 提示"指定第二个点"时，按 Enter 键确认，这样 AutoCAD 就以输入位移值来移动图形对象。

- 打开正交或极轴追踪功能，就能方便地将实体只沿 x 轴或 y 轴方向移动。当 AutoCAD 提示"指定基点"时，单击一点并把实体向水平或竖直方向移动，然后输入位移的数值。

- 使用"位移(D)"选项。启动该选项后，AutoCAD 提示"指定位移"。此时，以"X,Y"方式输入对象沿 x、y 轴移动的距离，或以"距离<角度"方式输入对象位移的距离和方向。

6.2.3 范例解析——将图形旋转到倾斜位置

【练习6-8】 打开素材文件"6-8.dwg"，利用 LINE、CIRCLE 及 ROTATE 等命令将图 6-13 中的
左图修改为右图。

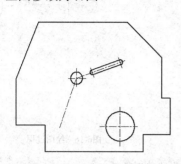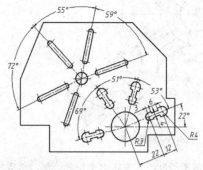

图6-13 旋转对象

1. 用 ROTATE 命令旋转对象 A，如图 6-14 所示。

    命令: _rotate

    选择对象: 指定对角点: 找到 7 个   //选择图形对象 A，如图 6-12 左图所示

    选择对象: //按 Enter 键

    指定基点: //捕捉圆心 B

    指定旋转角度, 或 [复制(C)/参照(R)] <70>: c   //使用选项"复制(C)"

    指定旋转角度, 或 [复制(C)/参照(R)] <70>: 59   //输入旋转角度

    命令: ROTATE   //重复命令

    选择对象: 指定对角点: 找到 7 个   //选择图形对象 A

    选择对象: //按 Enter 键

    指定基点: //捕捉圆心 B

    指定旋转角度, 或 [复制(C)/参照(R)] <59>: c   //使用选项"复制(C)"

    指定旋转角度, 或 [复制(C)/参照(R)] <59>: r   //使用选项"参照(R)"

    指定参照角 <0>:   //捕捉 B 点

    指定第二点: //捕捉 C 点

    指定新角度或 [点(P)] <0>:   //捕捉 D 点

  结果如图 6-14 右图所示。

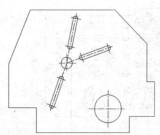

图6-14 旋转对象 A

2. 请读者绘制图形其余部分。

【练习6-9】 利用 LINE、CIRCLE、OFFSET 及 ROTATE 等命令绘制如图 6-15 所示平面图形。
主要绘图过程如图 6-16 所示。

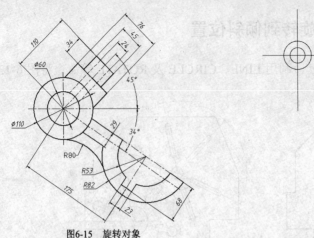

图6-15　旋转对象

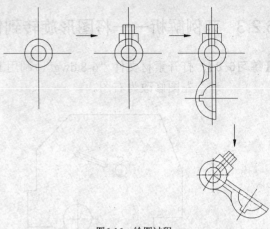

图6-16　绘图过程

> **要点提示**　绘制倾斜图形时，可先在水平位置绘制，然后将图形旋转到倾斜方向。

【知识链接】

ROTATE 命令的常用选项如下。

- 指定旋转角度：指定旋转基点并输入绝对旋转角度来旋转实体。旋转角度是基于当前用户坐标系测量的。如果输入负的旋转角度，则选定的对象顺时针旋转，否则，将逆时针旋转。
- 复制(C)：旋转对象的同时复制对象。
- 参照(R)：指定某个方向作为起始参照角，然后拾取一个点或两个点来指定源对象要旋转到的位置，也可以输入新角度值来指明要旋转到的位置。

6.2.4　课堂练习

【练习6-10】　利用 LINE、CIRCLE、COPY 及 ROTATE 等命令绘制如图 6-17 所示平面图形。

【练习6-11】　利用 LINE、CIRCLE、COPY 及 ROTATE 等命令绘制如图 6-18 所示平面图形。

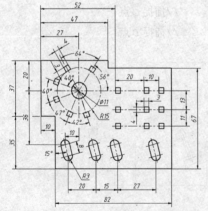

图6-17　利用 COPY 及 ROTATE 等命令绘图（1）

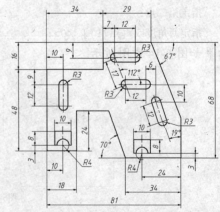

图6-18　利用 COPY 及 ROTATE 等命令绘图（2）

【练习6-12】　利用 LINE、CIRCLE、COPY 及 ROTATE 等命令绘制如图 6-19 所示平面图形。

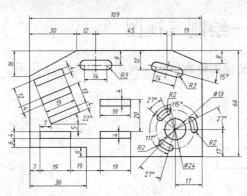

图6-19　利用 COPY 及 ROTATE 等命令绘图（3）

6.3　综合训练1——利用复制及旋转命令绘图

【练习6-13】　利用 LINE、CIRCLE、ELLIPSE、COPY 及 ROTATE 等命令绘制如图 6-20 所示平面图形。

主要绘图过程如图 6-21 所示。

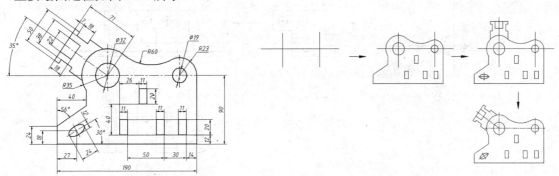

图6-20　利用 COPY 及 ROTATE 等命令绘图（4）　　　　　图6-21　绘图过程

【练习6-14】　利用 LINE、CIRCLE、ELLIPSE、COPY 及 ROTATE 等命令绘制如图 6-22 所示平面图形。

【练习6-15】　利用 LINE、CIRCLE、POLYGON、COPY 及 ROTATE 等命令绘制如图 6-23 所示平面图形。

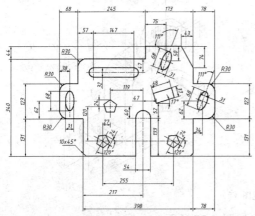

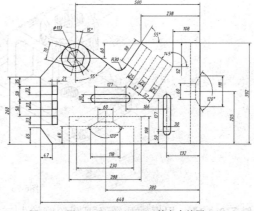

图6-22　用 COPY 及 ROTATE 等命令绘图（5）　　　　图6-23　用 COPY 及 ROTATE 等命令绘图（6）

6.4　综合训练 2——绘制三视图

【练习6-16】　根据轴测图及视图轮廓绘制三视图，如图 6-24 所示。

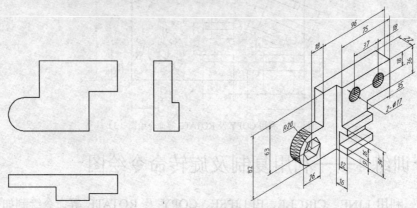

图6-24　绘制三视图（1）

主要绘图过程如图 6-25 所示。

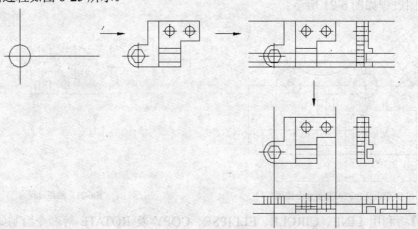

图6-25　绘图过程

【练习6-17】　根据轴测图绘制三视图，如图 6-26 所示。

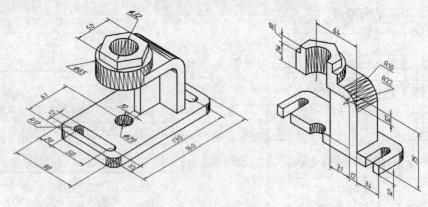

图6-26　绘制三视图（2）

【练习6-18】　根据轴测图及视图轮廓绘制三视图，如图 6-27 所示。

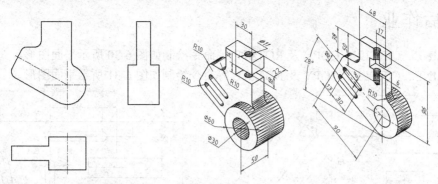

图6-27 绘制三视图（3）

6.5 综合训练3——绘制转子零件图

【练习6-19】 绘制转子零件图，如图6-28所示。

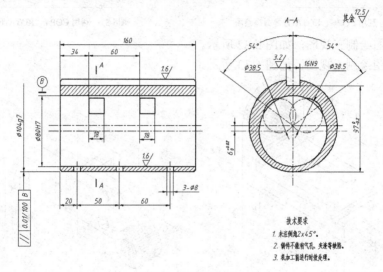

技术要求
1. 未注倒角2×45°。
2. 铸件不能有气孔、夹渣等缺陷。
3. 机加工前进行时效处理。

图6-28 转子零件图

主要绘图过程如图6-29所示。

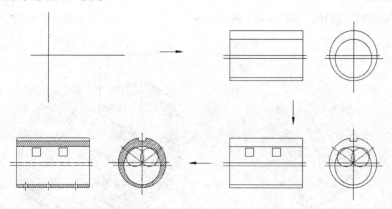

图6-29 绘图过程

6.6 课后作业

1. 利用 LINE、CIRCLE、COPY 及 ROTATE 等命令绘制如图 6-30 所示平面图形。
2. 利用 LINE、CIRCLE、COPY 及 ROTATE 等命令绘制如图 6-31 所示平面图形。

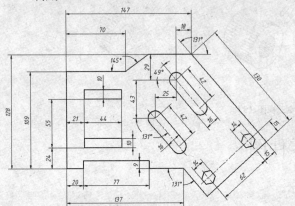

图6-30　利用 COPY、ROTATE 等命令绘图

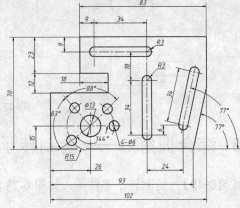

图6-31　利用 COPY、ROTATE 等命令绘图

3. 根据轴测图绘制三视图，如图 6-32 所示。
4. 根据轴测图绘制三视图，如图 6-33 所示。

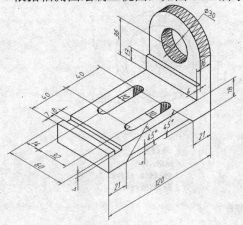

图6-32　绘制三视图（1）

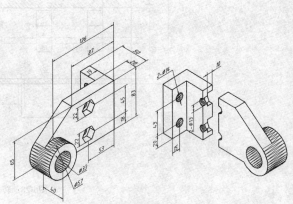

图6-33　绘制三视图（2）

5. 根据轴测图绘制三视图，如图 6-34 所示。

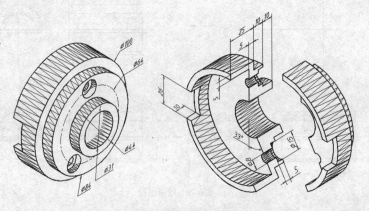

图6-34　绘制三视图（3）

第**7**讲

绘制对称图形及有均布特征的图形

- 矩形阵列及环形阵列。

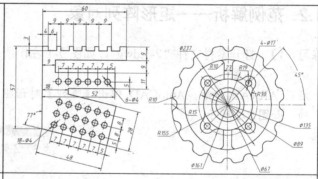

- 绘制对称图形。

- 根据轴测图绘制三视图。

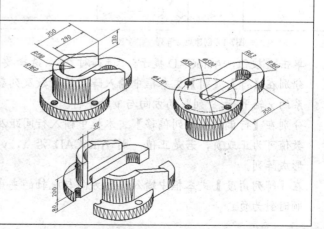

7.1 阵列对象

本节介绍创建矩形阵列及环形阵列的方法。

7.1.1 知识点讲解

一、 矩形阵列对象

ARRAY 命令可创建矩形阵列。矩形阵列是指将对象按行、列方式进行排列。操作时，用户一般应告诉 AutoCAD 阵列的行数、列数、行间距及列间距等，如果要沿倾斜方向生成矩形阵列，还应输入阵列的倾斜角度。

二、 环形阵列对象

ARRAY 命令除可创建矩形阵列外，还能创建环形阵列。环形阵列是指把对象绕阵列中心等角度均匀分布。决定环形阵列的主要参数有阵列中心、阵列总角度及阵列数目。此外，用户也可通过输入阵列总数及每个对象间的夹角来生成环形阵列。

7.1.2 范例解析——矩形阵列对象

【练习7-1】 打开素材文件 "7-1.dwg"，如图 7-1 左图所示。下面用 ARRAY 命令将左图修改为右图。

1. 启动 ARRAY 命令，AutoCAD 弹出【阵列】对话框，在该对话框中选择【矩形阵列】单选项，如图 7-2 所示。

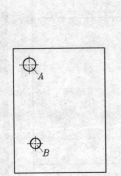
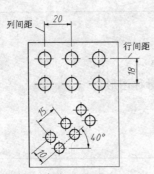

图7-1 创建矩形阵列

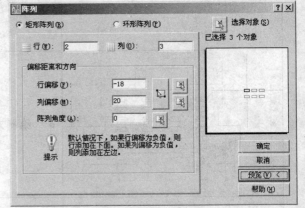

图7-2 【阵列】对话框

2. 单击 按钮，AutoCAD 提示："选择对象"，选择要阵列的图形对象 A，如图 7-1 所示。

3. 分别在【行】、【列】文本框中输入阵列的行数及列数，如图 7-2 所示。"行"的方向与坐标系的 x 轴平行，"列"的方向与 y 轴平行。

4. 分别在【行偏移】、【列偏移】文本框中输入行间距及列间距，如图 7-2 所示。行、列间距的数值可为正或负，若是正值，则 AutoCAD 沿 x、y 轴的正方向形成阵列，否则，沿反方向形成阵列。

5. 在【阵列角度】文本框中输入阵列方向与 x 轴的夹角，如图 7-2 所示。该角度逆时针为正，顺时针为负。

6. 利用 预览(V)< 按钮，用户可预览阵列效果。单击此按钮，AutoCAD 返回绘图窗口，并按设定的参数显示出矩形阵列。

7. 单击 预览(V)< 按钮，打开【预览】对话框，单击 接受 按钮，结果如图 7-1 右图所示。

8. 再沿倾斜方向创建对象 B 的矩形阵列，如图 7-1 右图所示。阵列参数为行数 "2"、列数 "3"、行间距 "-10"、列间距 "15" 及阵列角度 "40°"。

【练习7-2】 利用 LINE、CIRCLE、OFFSET 及 ARRAY 等命令绘制平面图形，如图 7-3 所示。主要绘图过程如图 7-4 所示。

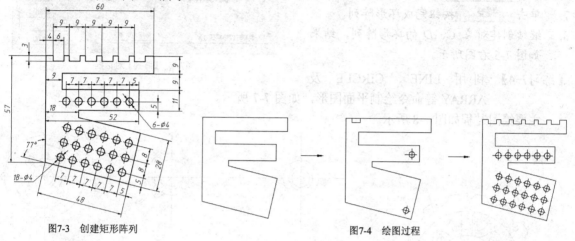

图7-3　创建矩形阵列　　　　　　　　　　　　　图7-4　绘图过程

7.1.3　范例解析——环形阵列对象

【练习7-3】 打开素材文件 "dwg\第 7 讲\7-3.dwg"，如图 7-5 左图所示。下面用 ARRAY 命令将左图修改为右图。

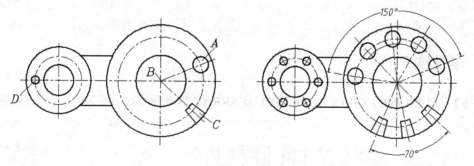

图7-5　创建环形阵列

1. 单击【修改】工具栏上的 🔳 按钮，启动 ARRAY 命令，AutoCAD 弹出【阵列】对话框，在该对话框中选取【环形阵列】单选项，如图 7-6 所示。

2. 单击 按钮，AutoCAD 提示："选择对象"，选择要阵列的图形对象 A，如图 7-5 所示。

3. 在【中心点】区域中单击 按钮，AutoCAD 切换到绘图窗口，在屏幕上指定阵列中心点 B，如图 7-5 所示。

4. 【方法】下拉列表中提供了 3 种创建环形阵列的方法，选择其中一种，AutoCAD 就列出需设定的参数。默认情况下，【项目总数和填充角度】是当前选项。此时，用户需输入的参数有项目总数和填充角度。

5.　在【项目总数】文本框中输入环形阵列
　　的总数目，在【填充角度】文本框中输
　　入阵列分布的总角度值，如图 7-6 所
　　示。若阵列角度为正，则 AutoCAD 沿
　　逆时针方向创建阵列，否则，按顺时针
　　方向创建阵列。

6.　单击 预览(V)< 按钮，预览阵列效果。

7.　单击 接受 按钮完成环形阵列。

8.　继续创建对象 C、D 的环形阵列，结果
　　如图 7-5 右图所示。

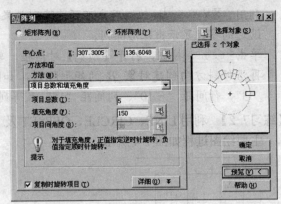

图7-6　【阵列】对话框

【练习7-4】　利用 LINE 、 CIRCLE 及
　　　　　　ARRAY 等命令绘制平面图形，如图 7-7 所示。
　　主要绘图过程如图 7-8 所示。

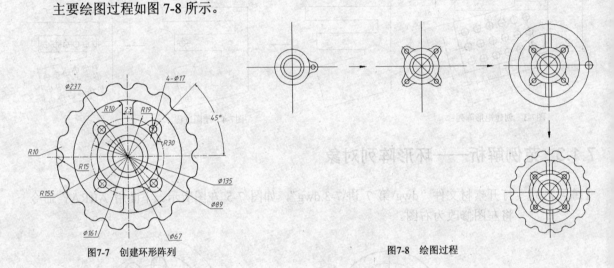

图7-7　创建环形阵列　　　　　　　　　　　　　　图7-8　绘图过程

7.1.4　课堂练习

【练习7-5】　利用 LINE、CIRCLE、OFFSET 及 ARRAY 等命令绘制如图 7-9 所示平面图形。

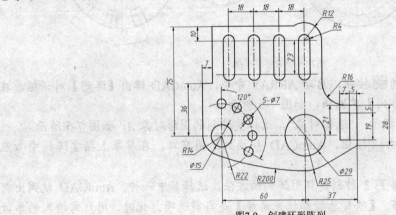

图7-9　创建环形阵列

【练习7-6】　利用 LINE、CIRCLE、OFFSET 及 ARRAY 等命令绘制如图 7-10 所示平面图形。

【练习7-7】 利用 LINE、CIRCLE、OFFSET 及 ARRAY 等命令绘制如图 7-11 所示平面图形。

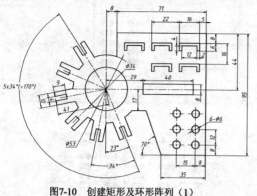

图7-10 创建矩形及环形阵列（1）

图7-11 创建矩形及环形阵列（2）

7.2 镜像对象

本节介绍镜像对象的方法。

7.2.1 知识点讲解

对于对称图形，用户只需画出图形的一半，另一半可由 MIRROR 命令镜像出来。操作时，需先告诉 AutoCAD 要对哪些对象进行镜像，然后再指定镜像线位置即可。

7.2.2 范例解析——绘制对称图形

【练习7-8】 打开素材文件 "7-8.dwg"，如图 7-12 左图所示。下面用 MIRROR 命令将左图修改为中图。

命令: _mirror
选择对象: 指定对角点: 找到 13 个   //选择镜像对象
选择对象: //按 Enter 键
指定镜像线的第一点: //拾取镜像线上的第一点
指定镜像线的第二点: //拾取镜像线上的第二点
要删除源对象吗? [是(Y)/否(N)] <N>:   //按 Enter 键，默认镜像时不删除源对象

结果如图 7-12 所示。如果删除源对象，结果如图 7-12 右图所示。

【练习7-9】 利用 LINE、OFFSET、ARRAY 及 MIRROR 等命令绘制如图 7-13 所示平面图形。

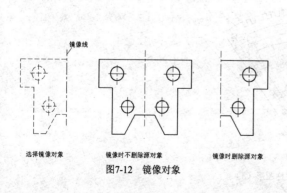

选择镜像对象   镜像时不删除源对象   镜像时删除源对象

图7-12 镜像对象

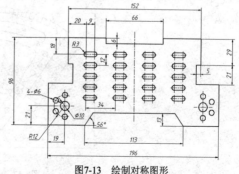

图7-13 绘制对称图形

主要绘图过程如图 7-14 所示。

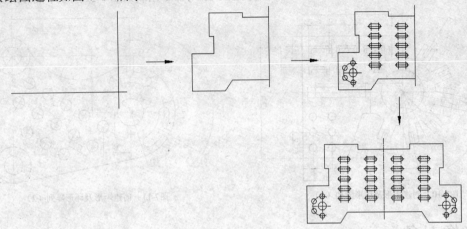

图7-14　绘图过程

7.2.3　课堂练习

【练习7-10】　利用 LINE、CIRCLE、ARRAY 及 MIRROR 等命令绘制如图 7-15 所示平面图形。

【练习7-11】　利用 LINE、OFFSET、ARRAY 及 MIRROR 等命令绘制如图 7-16 所示平面图形。

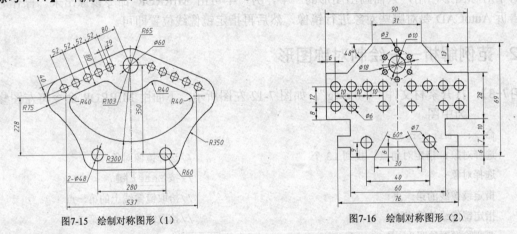

图7-15　绘制对称图形（1）　　　　　　　　图7-16　绘制对称图形（2）

【练习7-12】　利用 LINE、OFFSET、ARRAY 及 MIRROR 等命令绘制如图 7-17 所示平面图形。

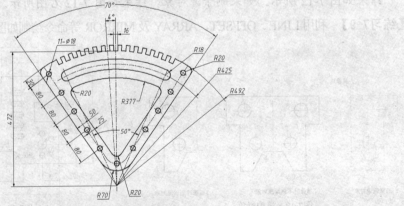

图7-17　绘制对称图形（3）

7.3 综合训练 1——阵列及镜像对象

【练习7-13】 利用 LINE、CIRCLE、OFFSET 及 ARRAY 等命令绘制如图 7-18 所示平面图形。
主要绘图过程如图 7-19 所示。

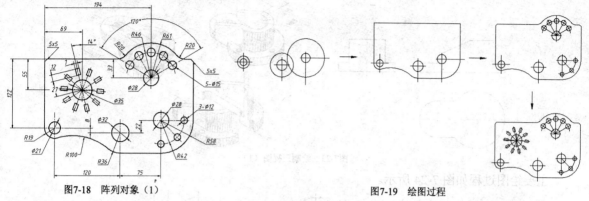

图7-18 阵列对象（1）

图7-19 绘图过程

【练习7-14】 利用 LINE、CIRCLE、OFFSET 及 ARRAY 等命令绘制如图 7-20 所示平面图形。

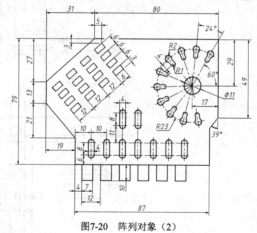

图7-20 阵列对象（2）

【练习7-15】 利用 LINE、CIRCLE、OFFSET 及 ARRAY 等命令绘制如图 7-21 所示平面图形。

【练习7-16】 利用 LINE、CIRCLE、ARRAY 及 MIRROR 等命令绘制如图 7-22 所示平面图形。

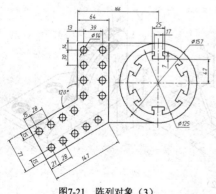

图7-21 阵列对象（3）

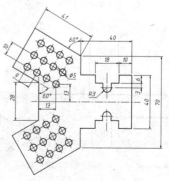

图7-22 镜像对象

7.4 综合训练 2——绘制组合体三视图

【练习7-17】 根据轴测图及视图轮廓绘制三视图，如图 7-23 所示。

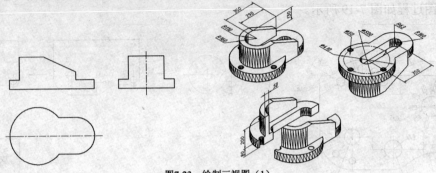

图7-23 绘制三视图（1）

主要绘图过程如图 7-24 所示。

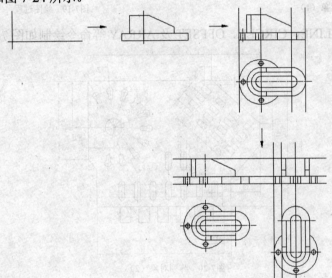

图7-24 绘图过程

【练习7-18】 根据轴测图及视图轮廓绘制三视图，如图 7-25 所示。

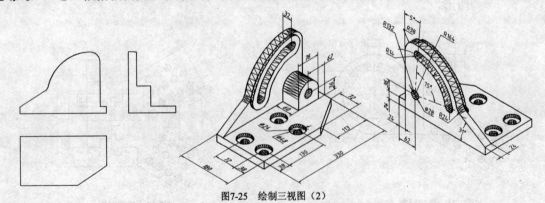

图7-25 绘制三视图（2）

【练习7-19】 根据轴测图绘制三视图，如图 7-26 所示。

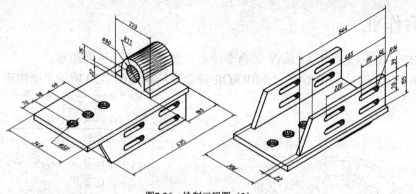

图7-26 绘制三视图（3）

7.5 综合训练 3——绘制端罩零件图

【练习7-20】 绘制端罩零件图，如图 7-27 所示。

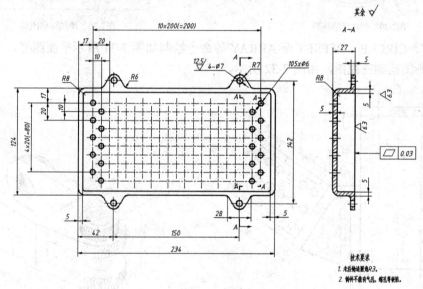

图7-27 端罩零件图

主要绘图过程如图 7-28 所示。

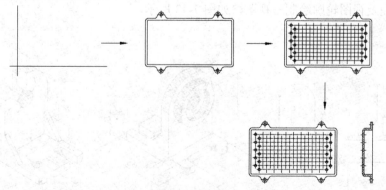

图7-28 绘图过程

7.6 课后作业

1. 利用 LINE、CIRCLE 及 ARRAY 等命令绘制如图 7-29 所示平面图形。
2. 用 LINE、CIRCLE、ARRAY 及 MIRROR 等命令绘制如图 7-30 所示平面图形。

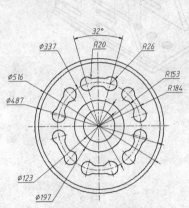

图7-29　创建环形阵列

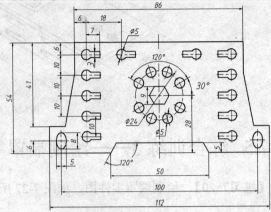

图7-30　绘制对称图形

3. 用 LINE、CIRCLE、OFFSET 及 ARRAY 等命令绘制如图 7-31 所示平面图形。
4. 根据轴测图绘制三视图，如图 7-32 所示。

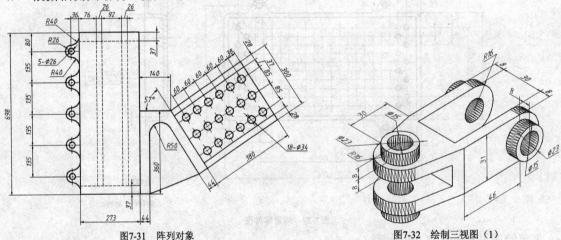

图7-31　阵列对象

图7-32　绘制三视图（1）

5. 根据轴测图及视图轮廓绘制三视图，如图 7-33 所示。

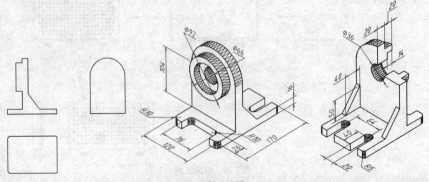

图7-33　绘制三视图（2）

第 **8** 讲

绘制有剖面图案的图形

【学习目标】

- 填充剖面图案。

- 画有剖面图案的图形。

- 根据轴测图绘制视图及剖视图。

8.1　绘制断裂线及填充剖面图案

本节介绍绘制断裂线及填充剖面图案的方法。

8.1.1　知识点讲解

一、绘制断裂线

可用 SPLINE 命令绘制光滑曲线，该线是样条线，AutoCAD 通过拟合给定的一系列数据点形成这条曲线。绘制机械图时，可利用 SPLINE 命令形成断裂线。

二、填充剖面图案

BHATCH 命令可在闭合的区域内生成填充图案。启动该命令后，用户选择图案类型，再指定填充比例、图案旋转角度及填充区域，就可生成图案填充。

三、编辑剖面图案

HATCHEDIT 命令用于编辑填充图案，如改变图案的角度、比例或用其他样式的图案填充图形等，其用法与 BHATCH 命令类似。

8.1.2　范例解析——绘制断裂线及填充图案

【练习8-1】　打开素材文件"8-1.dwg"，如图 8-1 左图所示。用 SPLINE 和 BHATCH 等命令将左图修改为右图。

1.　绘制断裂线，如图 8-2 所示。单击【绘图】工具栏上的 ～ 按钮或输入命令代号 SPLINE，启动绘制样条曲线命令。

```
命令: _spline                                    //绘制样条曲线
指定第一个点或 [对象(O)]:                          //单击 A 点
指定下一点:                                       //单击 B 点
指定下一点或 [闭合(C)/拟合公差(F)] <起点切向>:      //单击 C 点
指定下一点或 [闭合(C)/拟合公差(F)] <起点切向>:      //单击 D 点
指定下一点或 [闭合(C)/拟合公差(F)] <起点切向>:      //按 Enter 键
指定起点切向:               //移动鼠标指针调整起点切线方向，按 Enter 键
指定端点切向:               //移动鼠标指针调整终点切线方向，按 Enter 键
```

修剪多余线条，结果如图 8-2 右图所示。

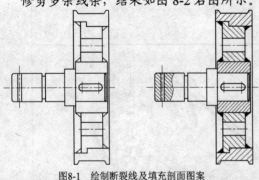

图8-1　绘制断裂线及填充剖面图案

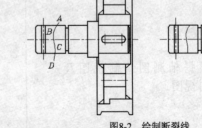

图8-2　绘制断裂线

2. 单击【绘图】工具栏上的按钮或输入命令代号 BHATCH，启动图案填充命令，打开【图案填充和渐变色】对话框，如图 8-3 所示。

3. 单击【图案】下拉列表右侧的 按钮，打开【填充图案选项板】对话框，再进入【ANSI】选项卡，然后选择剖面图案"ANSI31"，如图 8-4 所示。

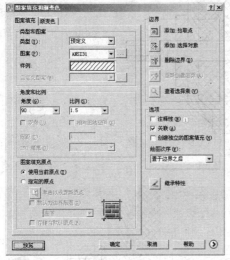

图8-3 【图案填充和渐变色】对话框

图8-4 【填充图案选项板】对话框

4. 在【图案填充和渐变色】对话框的【角度】文本框中输入图案旋转角度值"90"；在【比例】框中输入数值"1.5"。单击 按钮（拾取点），AutoCAD 提示"拾取内部点"。在想要填充的区域内单击 E、F、G、H 点，如图 8-5 所示，然后按 Enter 键。

> **要点提示**
> 在【图案填充和渐变色】对话框的【角度】文本框中输入的数值并不是剖面线与 x 轴的倾斜角度，而是剖面线以初始方向为起始位置的转动角度。该值可正、可负，若是正值，剖面线沿逆时针方向转动，否则，按顺时针方向转动。对于"ANSI31"图案，当分别输入角度值 -45°、90°、15° 时，剖面线与 x 轴的夹角分别是 0°、135°、60°。

5. 单击 预览(W) 按钮，观察填充的预览图。

6. 单击鼠标右键，接受填充剖面图案，结果如图 8-5 所示。

7. 编辑剖面图案。选择剖面图案，单击【修改 II】工具栏上的 按钮或输入命令代号 HATCHEDIT，打开【图案填充编辑】对话框，将该对话框【比例】文本框中的数值改为 0.5。单击 确定 按钮，结果如图 8-6 所示。

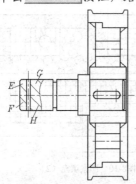

图8-5 填充剖面图案

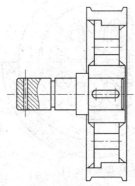

图8-6 修改剖面图案

8. 请读者创建其余填充图案。

【练习8-2】 打开素材文件 "8-2.dwg"，如图 8-7 左图所示。利用 SPLINE 和 BHATCH 等命令将左图修改为右图。

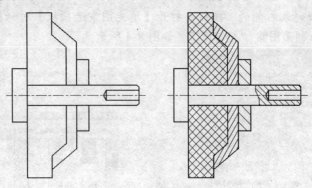

图8-7　填充剖面图案

主要绘图过程如图 8-8 所示。

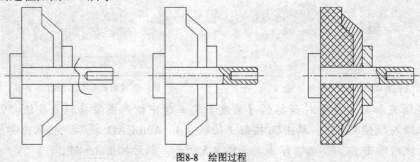

图8-8　绘图过程

8.1.3　课堂练习

【练习8-3】 绘制有剖面图案的图形，如图 8-9 所示。图中包含了 3 种形式的图案：ANSI31、AR-CONC、EARTH，图案角度及比例自定。

【练习8-4】 绘制有剖面图案的图形，如图 8-10 所示。图中包含了 4 种形式的图案：ANSI31、AR-SAND、HONEY、NET，图案角度及比例自定。

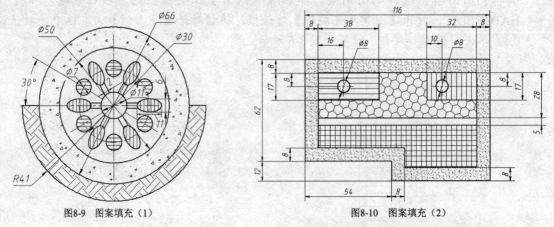

图8-9　图案填充（1）　　　　　　　图8-10　图案填充（2）

【练习8-5】 利用 LINE、PEDIT、FILLET、OFFSET 及 BHATCH 等命令绘制如图 8-11 所示平面图形。

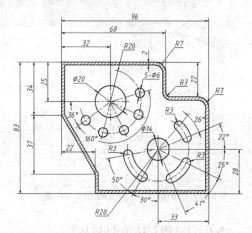

图8-11 利用 LINE、PEDIT、OFFSET 及 BHATCH 等命令绘图

8.2 综合训练1——绘制有剖面图案的图形

【练习8-6】 利用 LINE、PEDIT、FILLET、OFFSET 及 BHATCH 等命令绘制如图 8-12 所示平面图形。图中涂黑部分利用"SOLID"图案进行填充。

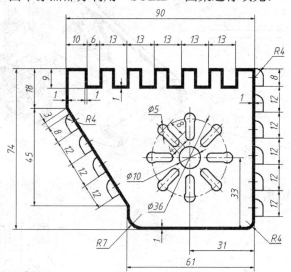

图8-12 利用 LINE、PEDIT、OFFSET 及 BHATCH 等命令绘图

主要绘图过程如图 8-13 所示。

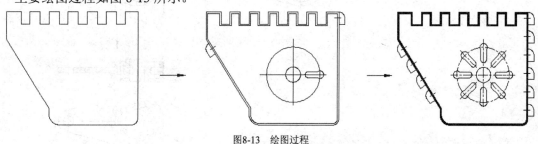

图8-13 绘图过程

【练习8-7】 利用 LINE、CIRCLE、POLYGON、BHATCH 及 ARRAY 等命令绘制如图 8-14 所示的图形。

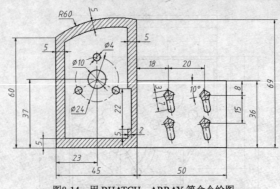

图8-14　用 BHATCH、ARRAY 等命令绘图

8.3　综合训练 2——绘制视图及剖视图

【练习8-8】　根据轴测图及视图轮廓绘制视图及剖视图，如图 8-15 所示。主视图采用全剖方式。

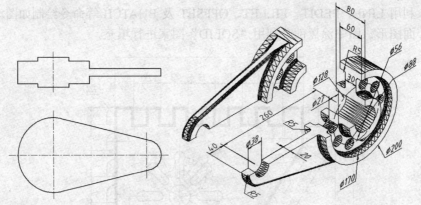

图8-15　绘制视图及剖视图（1）

主要绘图过程如图 8-16 所示。

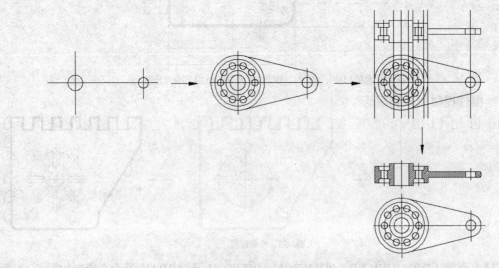

图8-16　绘图过程

【**练习8-9**】 根据轴测图及视图轮廓绘制视图及剖视图，如图 8-17 所示。主视图采用半剖方式。

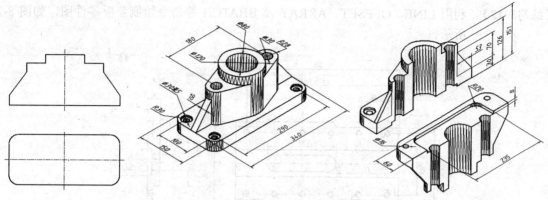

图8-17　绘制视图及剖视图（2）

【**练习8-10**】 参照轴测图，采用适当表达方案将机件表达清楚，如图 8-18 所示。

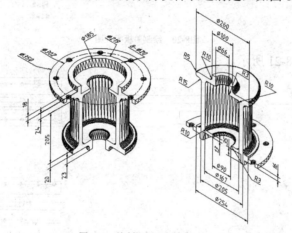

图8-18　绘制视图及剖视图（3）

【**练习8-11**】 参照轴测图，采用适当表达方案将机件表达清楚，如图 8-19 所示。

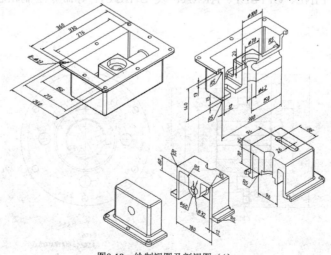

图8-19　绘制视图及剖视图（4）

8.4 综合训练——绘制盖板及轮芯零件图

【练习8-12】 利用 LINE、OFFSET、ARRAY 及 BHATCH 等命令绘制盖板零件图，如图 8-20 所示。

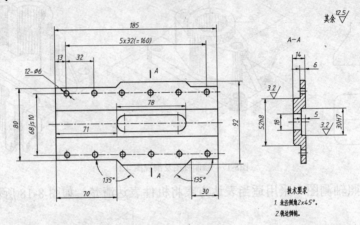

图8-20　绘制盖板零件图

主要绘图过程如图 8-21 所示。

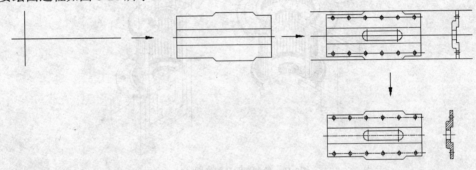

图8-21　绘图过程

【练习8-13】 利用 LINE、OFFSET、ARRAY 及 BHATCH 等命令绘制轮芯零件图，如图 8-22 所示。

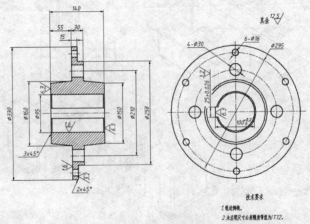

图8-22　绘制轮芯零件图

8.5 课后作业

1. 利用 LINE、OFFSET、ARRAY 及 BHATCH 等命令绘制如图 8-23 所示的图形。

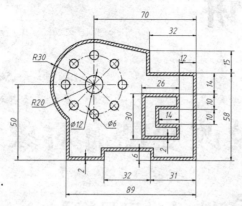

图8-23 填充剖面图案及阵列对象

2. 根据轴测图及视图轮廓绘制视图及剖视图，如图 8-24 所示。主视图采用阶梯剖方式。

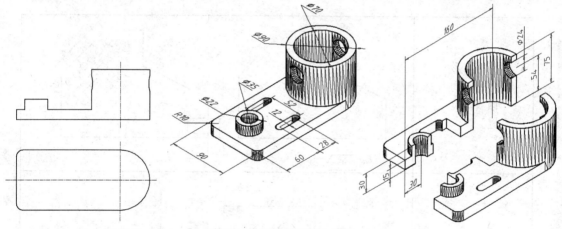

图8-24 绘制视图及剖视图（1）

3. 根据轴测图及视图轮廓绘制视图及剖视图，如图 8-25 所示。主视图采用阶梯剖方式。

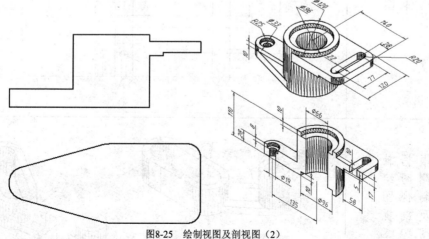

图8-25 绘制视图及剖视图（2）

第 **9** 讲

对齐对象及改变已有对象大小

【学习目标】

- 将图形对齐到倾斜位置。

- 拉伸图形。

- 根据轴测图绘制图视图及剖视图。

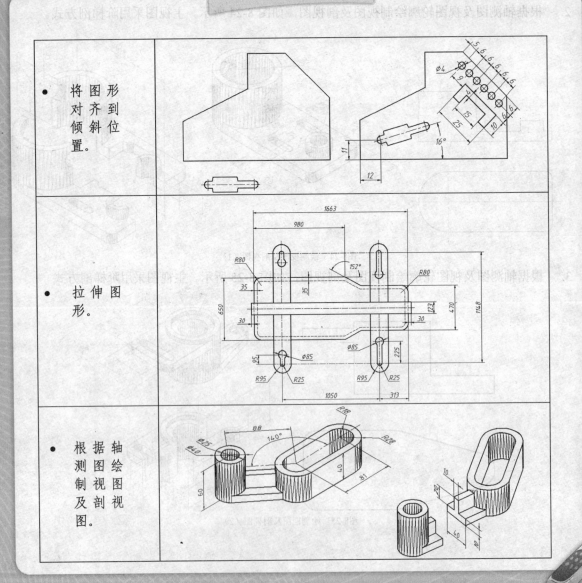

9.1 对齐、拉伸及按比例缩放对象

本节介绍对齐、拉伸及按比例缩放对象的方法。

9.1.1 知识点讲解

一、 对齐图形

ALIGN 命令可以同时移动、旋转一个对象，使之与另一对象对齐。例如，用户可以使图形对象中某点、某条直线或某一个面（三维实体）与另一实体的点、线或面对齐。操作过程中用户只需按照 AutoCAD 提示指定源对象与目标对象的一点、两点或三点对齐就可以了。

二、 拉伸图形

STRETCH 命令可以一次将多个图形对象沿指定的方向进行拉伸，编辑过程中必须用交叉窗口选择对象，除被选中的对象外，其他图元的大小及相互间的几何关系将保持不变。

三、 按比例缩放图形

SCALE 命令可将对象按指定的比例因子相对于基点放大或缩小，也可把对象缩放到指定的尺寸。

9.1.2 范例解析——将图形对齐到倾斜位置

【练习9-1】 打开素材文件"9-3.dwg"，用 LINE、CIRCLE 及 ALIGN 等命令将图 9-1 中的左图修改为右图。

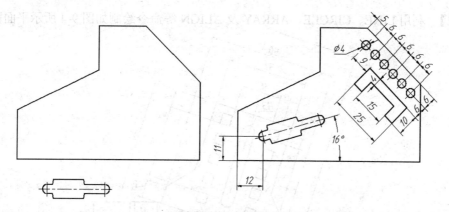

图9-1 对齐图形

1. 用 XLINE 命令绘制定位线 C、D，如图 9-2 左图所示，再用 ALIGN 命令将图形 E 定位到正确的位置，如图 9-2 右图所示。

命令: _xline 指定点或 [水平(H)/垂直(V)/角度(A)/二等分(B)/偏移(O)]: from
        //使用正交偏移捕捉

基点: //捕捉基点 A

<偏移>: @12,11   //输入 B 点的相对坐标

指定通过点: <16   //设定画线 D 的角度

指定通过点: //单击一点

指定通过点：<106	//设定画线 C 的角度
指定通过点：	//单击一点
指定通过点：	//按 Enter 键结束
命令：align	//启动对齐命令
选择对象：指定对角点：找到 15 个	//选择图形 E
选择对象：	//按 Enter 键
指定第一个源点：	//捕捉第一个源点 F
指定第一个目标点：	//捕捉第一个目标点 B
指定第二个源点：	//捕捉第二个源点 G
指定第二个目标点：nea 到	//在直线 D 上捕捉一点
指定第三个源点或 <继续>：	//按 Enter 键
是否基于对齐点缩放对象？[是(Y)/否(N)] <否>：	//按 Enter 键不缩放源对象

结果如图 9-2 右图所示。

2. 绘制定位线 H、I 及图形 J，如图 9-3 左图所示。用 ALIGN 命令将图形 J 定位到正确的位置，如图 9-3 右图所示。

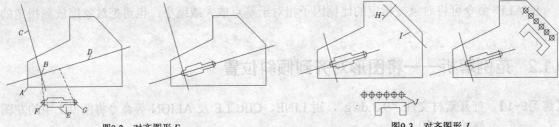

图9-2　对齐图形 E　　　　　　　　　　　　图9-3　对齐图形 J

【练习9-2】 利用 LINE、CIRCLE、ARRAY 及 ALIGN 等命令绘制如图 9-4 所示平面图形。

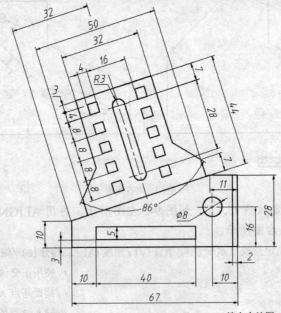

图9-4　利用 LINE、CIRCLE、ARRAY 及 ALIGN 等命令绘图

主要绘图过程如图 9-5 所示。

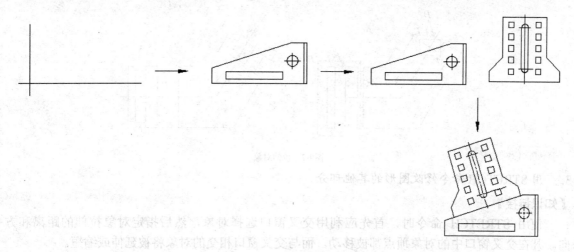

图9-5　绘图过程

9.1.3　范例解析——拉伸图形

【练习9-3】　打开素材文件"9-3.dwg"，用STRETCH命令将图9-6中的左图修改为右图。

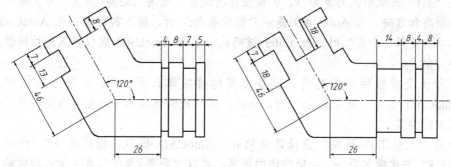

图9-6　拉伸图形

1.　打开极轴追踪、对象捕捉及自动追踪功能。
2.　调整槽A的宽度及槽D的深度，如图9-7所示。

命令： _stretch	
选择对象：	//单击 B 点，如图 9-7 左图所示
指定对角点：找到 17 个	//单击 C 点
选择对象：	//按 Enter 键
指定基点或 [位移(D)] <位移>：	//单击一点
指定第二个点或 <使用第一个点作位移>：10	//向右追踪并输入追踪距离
命令：STRETCH	//重复命令
选择对象：	//单击 E 点，如图 9-7 左图所示
指定对角点：找到 5 个	//单击 F 点
选择对象：	//按 Enter 键
指定基点或 [位移(D)] <位移>：10<-60	//输入拉伸的距离及方向
指定第二个点或 <使用第一个点作为位移>：	//按 Enter 键结束

结果如图 9-7 右图所示。

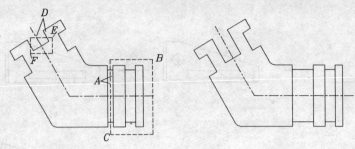

图9-7　拉伸对象

3.　用 STRETCH 命令修改图形的其他部分。

【知识链接】

　　使用 STRETCH 命令时，首先应利用交叉窗口选择对象，然后指定对象拉伸的距离和方向。凡在交叉窗口中的对象顶点都被移动，而与交叉窗口相交的对象将被延伸或缩短。

　　设定拉伸距离和方向的方式如下。

- 在屏幕上指定两个点，这两点的距离和方向代表了拉伸实体的距离和方向。当 AutoCAD 提示"指定基点:"时，指定拉伸的基准点。当 AutoCAD 提示"指定第二个点"时，捕捉第二点或输入第二点相对于基准点的相对直角坐标或极坐标。

- 以"X,Y"方式输入对象沿 x、y 轴拉伸的距离，或用"距离<角度"方式输入拉伸的距离和方向。当 AutoCAD 提示"指定基点:"时，输入拉伸值。在 AutoCAD 提示"指定第二个点"时，按 Enter 键确认，这样 AutoCAD 就以输入的拉伸值来拉伸对象。

- 打开正交或极轴追踪功能，就能方便地将实体只沿 x 或 y 轴方向拉伸。当 AutoCAD 提示"指定基点:"时，单击一点并把实体向水平或竖直方向拉伸，然后输入拉伸值。

- 使用"位移(D)"选项。选择该选项后，AutoCAD 提示"指定位移"，此时，以"X,Y"方式输入沿 x、y 轴拉伸的距离，或以"距离<角度"方式输入拉伸的距离和方向。

【练习9-4】　利用 LINE、OFFSET、COPY 及 STRETCH 等命令绘制平面图形，如图 9-8 所示。

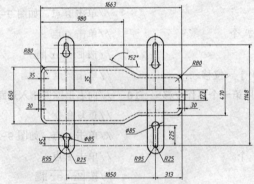

图9-8　利用 COPY 及 STRETCH 等命令绘图

　　主要绘图过程如图 9-9 所示。

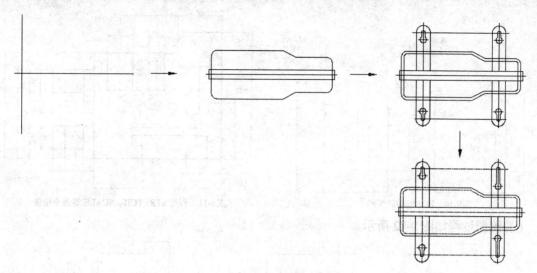

图9-9 绘图过程

9.1.4 范例解析——利用拉伸及比例缩放命令构建图形

【练习9-5】 打开素材文件"9-5.dwg"，用 SCALE 命令将图 9-10 中的左图修改为右图。

命令：_scale	
选择对象：找到 1 个	//选择矩形 A，如图 9-10 左图所示
选择对象：	//按 Enter 键
指定基点：	//捕捉交点 C
指定比例因子或[复制(C)/参照(R)] <1.0000>：2	//输入缩放比例因子
命令：_SCALE	//重复命令
选择对象：找到 4 个	//选择线框 B
选择对象：	//按 Enter 键
指定基点：	//捕捉交点 D
指定比例因子或 [复制(C)/参照(R)] <2.0000>：r	//使用"参照(R)"选项
指定参照长度 <1.0000>：	//捕捉交点 D
指定第二点：	//捕捉交点 E
指定新的长度或 [点(P)] <1.0000>：	//捕捉交点 F

结果如图 9-10 右图所示。

【知识链接】

SCALE 命令的常用选项如下。

- 指定比例因子：直接输入缩放比例因子，AutoCAD 根据此比例因子缩放图形。若比例因子小于1，则缩小对象；否则，放大对象。
- 复制(C)：缩放对象的同时复制对象。
- 参照(R)：以参照方式缩放图形。用户输入参考长度及新长度，AutoCAD 把新长度与参考长度的比值作为缩放比例因子进行缩放。
- 点(P)：使用两点来定义新的长度。

【练习9-6】 利用 COPY、STRETCH、SCALE 等命令绘制图形，如图 9-11 所示。

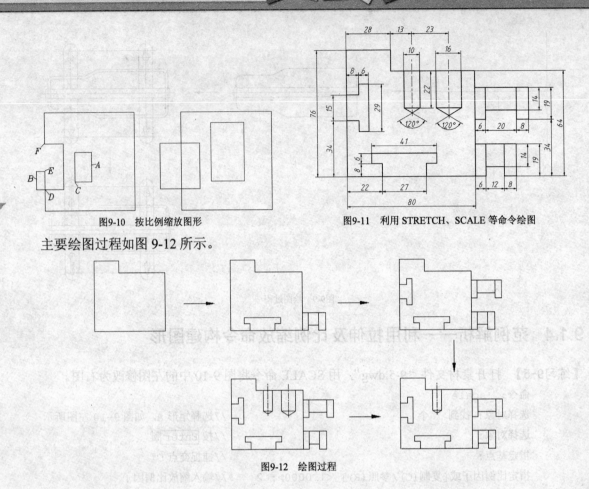

图9-10　按比例缩放图形

图9-11　利用 STRETCH、SCALE 等命令绘图

主要绘图过程如图 9-12 所示。

图9-12　绘图过程

9.1.5　课堂练习

【练习9-7】　利用 LINE、OFFSET、COPY、ROTATE 及 STRETCH 等命令绘制如图 9-13 所示平面图形。

【练习9-8】　利用 LINE、OFFSET、COPY、ROTATE 及 ALIGN 等命令绘制如图 9-14 所示平面图形。

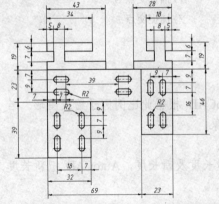

图9-13　利用 COPY、ROTATE 及 STRETCH 等命令绘图

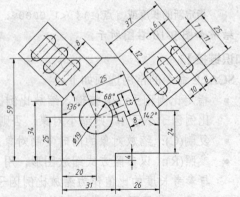

图9-14　利用 COPY、ROTATE 及 ALIGN 等命令绘图

【练习9-9】 利用 LINE、OFFSET、ROTATE 及 ALIGN 等命令绘图，如图 9-15 所示。

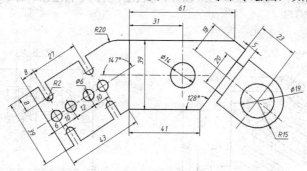

图9-15　利用 ROTATE 及 ALIGN 等命令绘图

9.2　综合训练 1——利用对齐及拉伸命令绘图的技巧

【练习9-10】 利用 LINE、CIRCLE、ROTATE、STRETCH 及 ALIGN 等命令绘制如图 9-16 所示平面图形。

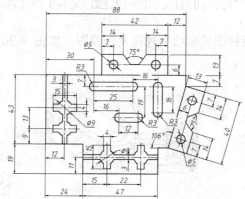

图9-16　利用 LINE、CIRCLE、STRETCH 及 ALIGN 等命令绘图（1）

主要绘图过程如图 9-17 所示。

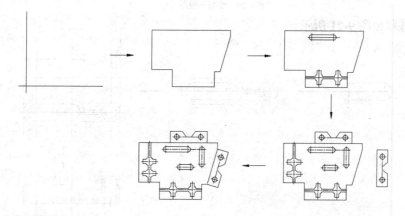

图9-17　绘图过程

【练习9-11】 利用 LINE、CIRCLE、ROTATE、STRETCH 及 ALIGN 等命令绘制如图 9-18 所示平面图形。

【练习9-12】 利用 LINE、CIRCLE、OFFSET、STRETCH 及 ALIGN 命令绘制如图 9-19 所示平面图形。

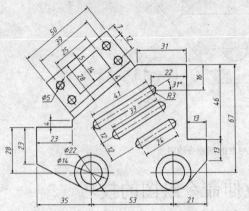

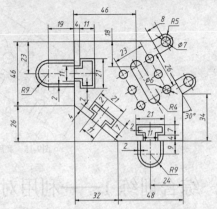

图9-18 利用 LINE、CIRCLE、STRETCH 及 ALIGN 等命令绘图（2）　　　图9-19 利用 STRETCH 及 ALIGN 等命令绘制平面图形

9.3 综合训练2——绘制组合体视图及剖视图

【练习9-13】 根据轴测图及视图轮廓绘制视图及剖视图，如图 9-20 所示。主视图采用旋转剖方式绘制。

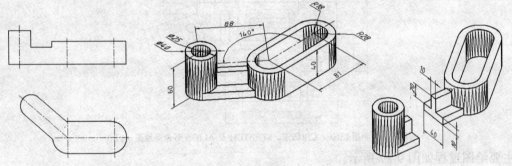

图9-20 绘制三视图（1）

主要绘图过程如图 9-21 所示。

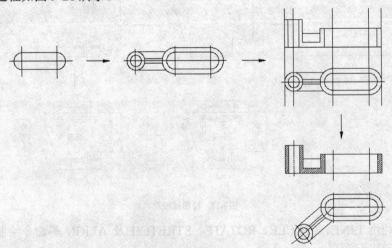

图9-21 绘图过程

【练习9-14】 根据如图 9-22 所示的轴测图绘制视图及剖视图，主视图采用旋转剖方式绘制。

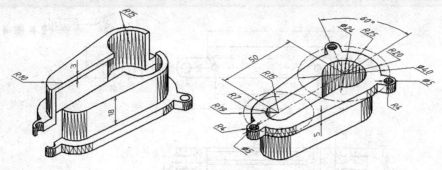

图9-22 绘制三视图（2）

9.4 综合训练3——绘制旋钮及 V 形导轨零件图

【练习9-15】 绘制旋钮零件图，如图 9-23 所示。

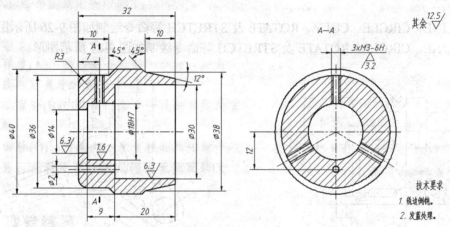

图9-23 端罩零件图

技术要求

1. 锐边倒钝。
2. 发蓝处理。

主要绘图过程如图 9-24 所示。

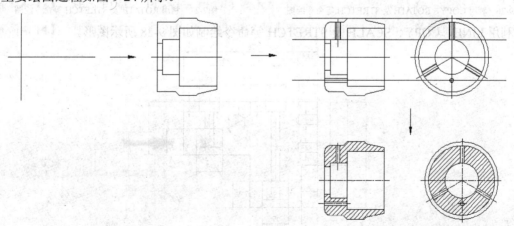

图9-24 绘图过程

【练习9-16】 绘制 V 形导轨零件图，如图 9-25 所示。

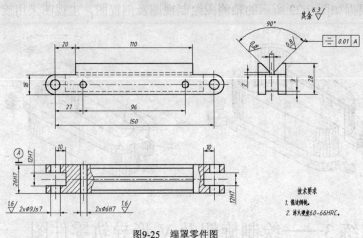

图9-25　端罩零件图

9.5　课后作业

1.　利用 LINE、CIRCLE、COPY、ROTATE 及 STRETCH 等命令绘制如图 9-26 所示图形。

2.　利用 LINE、CIRCLE、ROTATE 及 STRETCH 等命令绘制如图 9-27 所示图形。

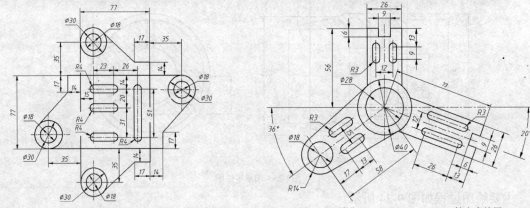

图9-26　利用 COPY、ROTATE 及 STRETCH 等命令绘图　　　　图9-27　利用 ROTATE 及 STRETCH 等命令绘图

3.　利用 LINE、COPY、SCALE 及 STRETCH 等命令绘制如图 9-28 所示图形。

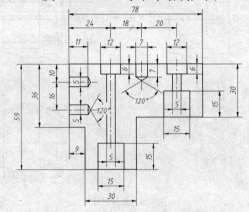

图9-28　利用 COPY 及 STRETCH 等命令绘图

4.　利用 LINE、CIRCLE、COPY 及 ROTATE 等命令绘制如图 9-29 所示图形。

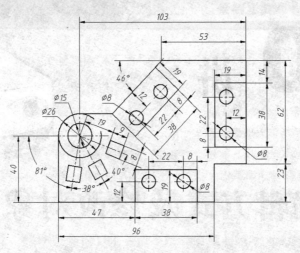

图9-29 利用 COPY 及 ROTATE 等命令绘图

5. 利用 LINE、CIRCLE、COPY、ROTATE、ALIGN 及 STRETCH 等命令绘制如图 9-30 所示图形。

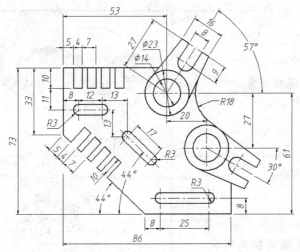

图9-30 利用 ROTATE、ALIGN 及 STRETCH 等命令绘图

第10讲

关键点编辑方式及修改对象属性

【学习目标】

- 利用关键点编辑对象。

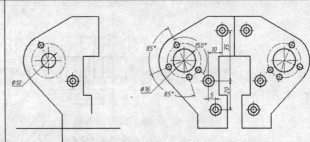

- 利用关键点编辑模式的旋转、复制及镜像等功能绘图。

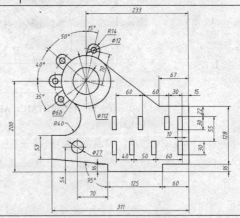

- 根据轴测图绘制视图及剖视图。

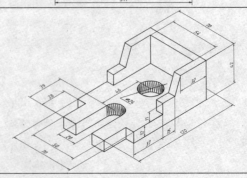

10.1 利用关键点编辑对象

本节介绍利用关键点编辑对象的方法。

10.1.1 知识点讲解

关键点编辑方式是一种集成的编辑模式，该模式包含了 5 种编辑方法。

- 拉伸。
- 移动。
- 旋转。
- 比例缩放。
- 镜像。

默认情况下，AutoCAD 的关键点编辑方式是开启的。当用户选择实体后，实体上将出现若干方框，这些方框被称为关键点。把鼠标十字指针靠近并捕捉关键点，然后单击鼠标左键，激活关键点编辑状态，此时，AutoCAD 自动进入【拉伸】编辑方式，连续按下 Enter 键，就可以在所有编辑方式间切换。此外，也可在激活关键点后，再单击鼠标右键，弹出快捷菜单，如图 10-1 所示，通过此菜单就能选择某种编辑方法。

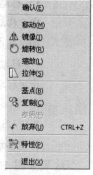

图10-1　快捷菜单

在不同的编辑方式间切换时，AutoCAD 为每种编辑方法提供的选项基本相同，其中【基点(B)】、【复制(C)】选项是所有编辑方式所共有的。

- **【基点(B)】：** 使用该选项用户可以捡取某一个点作为编辑过程的基点。例如，当进入了旋转编辑模式，要指定一个点作为旋转中心时，就使用【基点(B)】选项。默认情况下，编辑的基点是热关键点（选中的关键点）。
- **【复制(C)】：** 如果用户在编辑的同时还需复制对象，则选取此选项。

10.1.2 范例解析——利用关键点编辑方式编辑对象

【练习10-1】　打开素材文件"10-1.dwg"，如图 10-2 左图所示。利用关键点编辑方式将左图修改为右图。

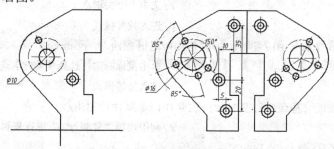

图10-2　利用关键点编辑方式修改图形

1. 利用关键点拉伸直线。打开极轴追踪、对象捕捉及自动追踪功能。设置极轴追踪角度增量为 90°；设置对象捕捉方式为"端点"、"圆心"及"交点"。

命令: //选择线段 A，如图 10-3 左图所示

命令：	//选中关键点 B
** 拉伸 **	//进入拉伸模式
指定拉伸点或 [基点(B)/复制(C)/放弃(U)/退出(X)]:	//向下移动光标并捕捉 C 点

2. 继续调整其他线段的长度，结果如图 10-3 右图所示。

3. 利用关键点复制对象。

命令：	//选择对象 D，如图 10-4 左图所示
命令：	//选中一个关键点
** 拉伸 **	
指定拉伸点或 [基点(B)/复制(C)/放弃(U)/退出(X)]:	//进入拉伸模式
** 移动 **	//按 Enter 键进入移动模式
指定移动点或 [基点(B)/复制(C)/放弃(U)/退出(X)]: c	
	//利用"复制(C)"选项进行复制
** 移动（多重）**	
指定移动点或 [基点(B)/复制(C)/放弃(U)/退出(X)]: b	//使用"基点(B)"选项
指定基点：	//捕捉对象 D 的圆心
** 移动（多重）**	
指定移动点或 [基点(B)/复制(C)/放弃(U)/退出(X)]: @10,35	//输入相对坐标
** 移动（多重）**	
指定移动点或 [基点(B)/复制(C)/放弃(U)/退出(X)]: @5,-20	//输入相对坐标
指定移动点或 [基点(B)/复制(C)/放弃(U)/退出(X)]:	//按 Enter 键结束

结果如图 10-4 右图所示。

图10-3　利用关键点拉伸对象　　　　　　　　图10-4　利用关键点复制对象

4. 利用关键点旋转对象。

命令：	//选择对象 E，如图 10-5 左图所示
命令：	//选中一个关键点
** 拉伸 **	//进入拉伸模式
指定拉伸点或 [基点(B)/复制(C)/放弃(U)/退出(X)]: _rotate	
	//单击鼠标右键，选择【旋转】选项
** 旋转 **	//进入旋转模式
指定旋转角度或 [基点(B)/复制(C)/放弃(U)/参照(R)/退出(X)]: c	
	//利用选项"复制(C)"进行复制
** 旋转（多重）**	
指定旋转角度或 [基点(B)/复制(C)/放弃(U)/参照(R)/退出(X)]: b	
	//使用选项"基点(B)"
指定基点：	//捕捉圆心 F
** 旋转（多重）**	

指定旋转角度或 [基点(B)/复制(C)/放弃(U)/参照(R)/退出(X)]: 85 //输入旋转角度

** 旋转 (多重) **

指定旋转角度或 [基点(B)/复制(C)/放弃(U)/参照(R)/退出(X)]: 170 //输入旋转角度

** 旋转 (多重) **

指定旋转角度或 [基点(B)/复制(C)/放弃(U)/参照(R)/退出(X)]: -150 //输入旋转角度

** 旋转 (多重) **

指定旋转角度或 [基点(B)/复制(C)/放弃(U)/参照(R)/退出(X)]:   //按 Enter 键结束

结果如图 10-5 右图所示。

5. 利用关键点缩放模式缩放对象。

命令: //选择圆 *G*,如图 10-6 左图所示

命令: //选中任意一个关键点

** 拉伸 **   //进入拉伸模式

指定拉伸点或 [基点(B)/复制(C)/放弃(U)/退出(X)]: _scale

                                          //单击鼠标右键,选择【缩放】选项

** 比例缩放 **   //进入比例缩放模式

指定比例因子或 [基点(B)/复制(C)/放弃(U)/参照(R)/退出(X)]: b

                                          //使用 "基点(B)" 选项

指定基点: //捕捉圆 *G* 的圆心

** 比例缩放 **

指定比例因子或 [基点(B)/复制(C)/放弃(U)/参照(R)/退出(X)]: 1.6

                                          //输入缩放比例值

结果如图 10-6 右图所示。

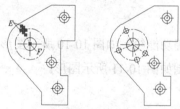

图10-5 利用关键点旋转对象

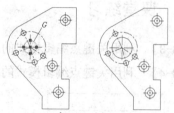

图10-6 利用关键点缩放对象

6. 利用关键点镜像对象。

命令: //选择要镜像的对象,如图 10-7 左图所示

命令: //选中关键点 *H*

** 拉伸 **   //进入拉伸模式

指定拉伸点或 [基点(B)/复制(C)/放弃(U)/退出(X)]: _mirror

                                          //单击鼠标右键,选择【镜像】选项

** 镜像 **   //进入镜像模式

指定第二点或 [基点(B)/复制(C)/放弃(U)/退出(X)]: c   //镜像并复制

** 镜像 (多重) **

指定第二点或 [基点(B)/复制(C)/放弃(U)/退出(X)]:   //捕捉 *I* 点

** 镜像 (多重) **

指定第二点或 [基点(B)/复制(C)/放弃(U)/退出(X)]:   //按 Enter 键结束

结果如图 10-7 右图所示。

【练习10-2】 利用关键点编辑方式绘图，如图 10-8 所示。

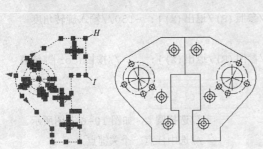

图10-7　利用关键点镜像对象

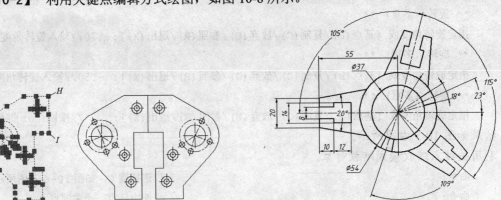

图10-8　利用关键点编辑方式绘图

主要绘图过程如图 10-9 所示。

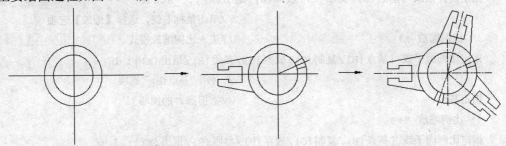

图10-9　绘图过程

10.1.3　课堂练习

【练习10-3】 利用关键点编辑模式的旋转、复制及镜像等功能绘制如图 10-10 所示图形。

【练习10-4】 利用关键点编辑模式的复制及镜像功能绘制如图 10-11 所示图形。

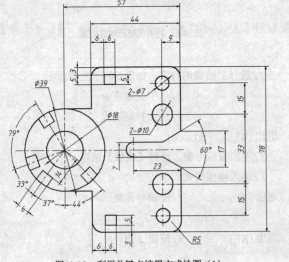

图10-10　利用关键点编辑方式绘图（1）

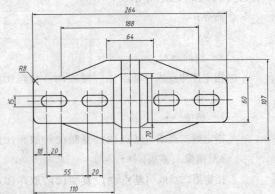

图10-11　利用关键点编辑方式绘图（2）

【练习10-5】 利用 ROTATE、ALIGN 等命令及关键点编辑方式绘制如图 10-12 所示图形。

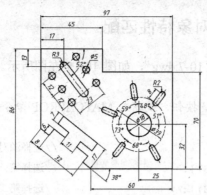

图10-12　利用 ALIGN 等命令及关键点编辑方式绘图

10.2　修改图形元素属性

本节介绍修改图形元素属性的方法。

10.2.1　知识点讲解

AutoCAD 中，对象属性是指系统赋予对象的包括颜色、线型、图层、高度及文字样式等特性，例如直线和曲线包含图层、线型及颜色等属性项目，而文本则具有图层、颜色、字体及字高等特性。改变对象属性一般可通过 PROPERTIES 命令，使用该命令时，AutoCAD 打开【特性】对话框，该对话框列出所选对象的所有属性，用户通过此对话框就可以很方便地进行修改。

改变对象属性的另一种方法是采用 MATCHPROP 命令，该命令可以使被编辑对象的属性与指定的源对象的属性完全相同，即把源对象属性传递给目标对象。

10.2.2　范例解析——用 PROPERTIES 命令改变对象属性

【练习10-6】　打开素材文件"10-6.dwg"，如图 10-13 所示。用 PROPERTIES 命令将左图修改为右图。

1. 选择要编辑的非连续线，如图 10-13 所示。

2. 单击【标准】工具栏上的 📐 按钮或输入 PROPERTIES 命令，AutoCAD 打开【特性】对话框，如图 10-14 所示。根据所选对象不同，【特性】对话框中显示的属性项目也不同，但有一些属性项目几乎是所有对象所拥有的，如颜色、图层、线型等。当在绘图区中选择单个对象时，【特性】对话框就显示此对象的特性。若选择多个对象，【特性】窗口将显示它们所共有的特性。

3. 单击【线型比例】文本框，该比例因子默认值是"1"，输入新线形比例因子数值"2"，按 Enter 键，图形窗口中非连续线立即更新，显示修改后的结果，如图 10-13 右图所示。

选择非连续线　　　　　　　　　修改结果
当前对象线型比例因子＝1　　　当前对象线型比例因子＝2

图10-13　修改非连续线外观

图10-14　输入新的线型比例因子

10.2.3　范例解析——对象特性匹配

【练习10-7】　打开素材文件"10-7.dwg"，如图 10-15 左图所示。用 MATCHPROP 命令将左图修改为右图。

1. 单击【标准】工具栏上的 按钮，或输入 MATCHPROP 命令，AutoCAD 提示如下。

　　　命令：'_matchprop
　　　选择源对象：　　　　　　　　　　　　　　//选择源对象，如图 10-15 左图所示
　　　选择目标对象或 [设置(S)]：　　　　　　//选择第一个目标对象
　　　选择目标对象或 [设置(S)]：　　　　　　//选择第二个目标对象
　　　选择目标对象或 [设置(S)]：　　　　　　//按 Enter 键结束

　选择源对象后，鼠标指针变成类似"刷子"形状，此时选取接受属性匹配的目标对象，结果如图 10-15 右图所示。

2. 如果用户仅想使目标对象的部分属性与源对象相同，可在选择源对象后，输入"S"，此时，AutoCAD 打开【特性设置】对话框，如图 10-16 所示。默认情况下，AutoCAD 选中该对话框中所有源对象的属性进行复制，但用户也可指定仅将其中部分属性传递给目标对象。

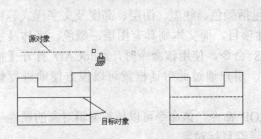

图10-15　对象特性匹配

图10-16　【特性设置】对话框

10.3　综合训练 1——关键点编辑方式的运用

【练习10-8】　利用关键点编辑模式的旋转及复制等功能绘制如图 10-17 所示图形。

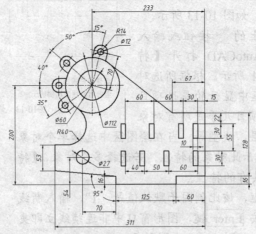

图10-17　阵列对象（1）

主要绘图过程如图 10-18 所示。

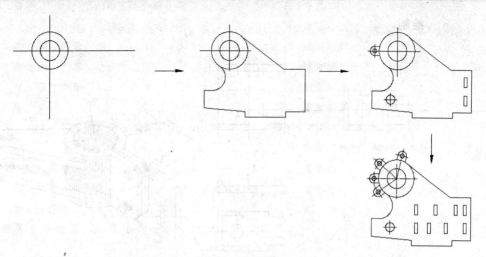

图10-18　绘图过程

【练习10-9】　利用关键点编辑模式的旋转及复制功能绘制如图 10-19 所示图形。

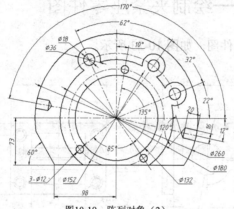

图10-19　阵列对象（2）

10.4　综合训练 2——绘制组合体视图及剖视图

【练习10-10】　根据轴测图绘制视图及剖视图，如图 10-20 所示。主视图采用全剖方式绘制。

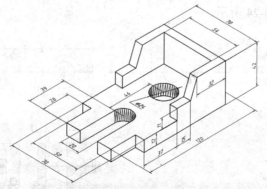

图10-20　绘制视图及剖视图

主要绘图过程如图 10-21 所示。

【练习10-11】　根据轴测图绘制视图及剖视图，如图 10-22 所示。主视图采用旋转剖方式绘制。

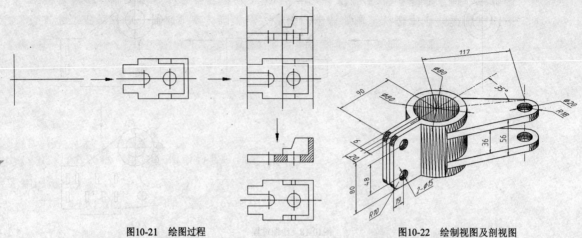

图10-21　绘图过程　　　　　　　　　　　　图10-22　绘制视图及剖视图

10.5　综合训练 3——绘制夹紧座零件图

【练习10-12】　绘制夹紧座零件图，如图 10-23 所示。

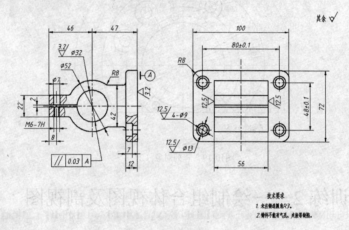

图10-23　夹紧座零件图

主要绘图过程如图 10-24 所示。

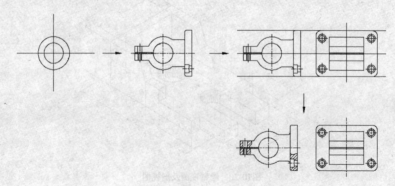

图10-24　绘图过程

10.6　课后作业

1. 利用 LINE、CIRCLE、OFFSET 等命令及关键点编辑方式绘制如图 10-25 所示图形。

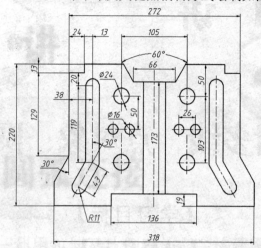

图10-25　利用 CIRCLE、OFFSET 等命令及关键点编辑方式绘图

2. 利用 LINE、CIRCLE 等命令及关键点编辑方式绘制如图 10-26 所示图形。

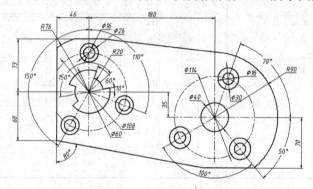

图10-26　利用 CIRCLE 等命令及关键点编辑方式绘图

3. 根据轴测图绘制剖视图，如图 10-27 所示。主视图及俯视图都采用半剖方式绘制。

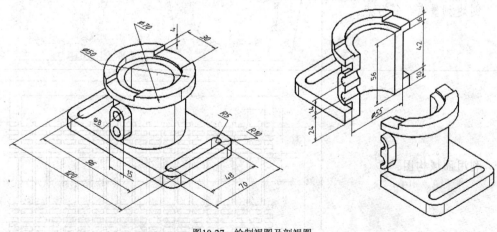

图10-27　绘制视图及剖视图

第11讲

绘制及编辑多线、点对象、圆环及面域

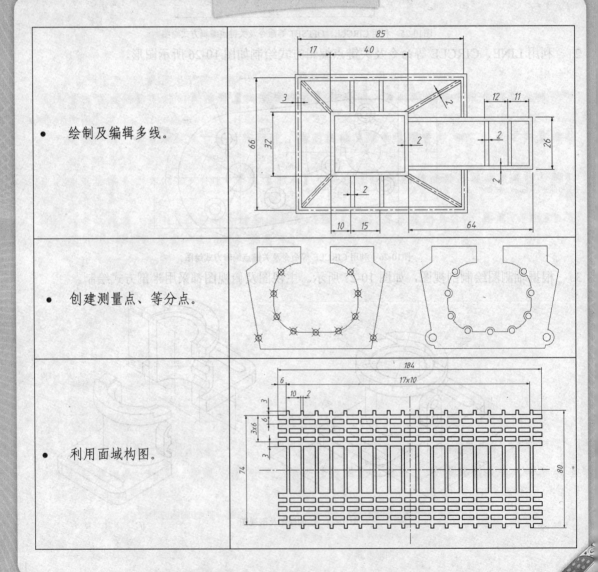

- 绘制及编辑多线。

- 创建测量点、等分点。

- 利用面域构图。

11.1 多线、点对象及圆环

本节介绍创建多线、点对象及圆环的方法。

11.1.1 知识点讲解

一、多线

多线是由多条平行直线组成的对象，其最多可包含 16 条平行线，线间的距离、线的数量、线条颜色及线型等都可以调整。该对象常用于绘制墙体、公路或管道等。

多线的外观由多线样式决定，在多线样式中用户可以设定多线中线条的数量、每条线的颜色和线型、线间的距离等，还能指定多线两个端头的形式，如弧形端头、平直端头等。

二、点对象、测量点及等分点

在 AutoCAD 中可用 POINT 命令创建单独的点对象，这些点可用 "NOD" 进行捕捉。点的外观由点样式控制，一般在创建点之前要先设置点的样式，但也可先绘制点，再设置点样式。

DIVIDE 命令根据等分数目在图形对象上放置等分点，这些点并不分割对象，只是标明等分的位置。AutoCAD 中可等分的图形元素包括直线、圆、圆弧、样条线及多段线等。

MEASURE 命令在图形对象上按指定的距离放置点对象，对于不同类型的图形元素，距离测量的起始点是不同的。当操作对象为直线、圆弧或多段线时，起始点位于距选择点最近的端点。如果是圆，则一般从 0° 角开始进行测量。

三、圆环

DONUT 命令可创建填充圆环或圆点。启动该命令后，用户依次输入圆环内径、外径及圆心，AutoCAD 就生成圆环。若要画圆点，则指定内径为 "0" 即可。

11.1.2 范例解析——绘制及编辑多线

【练习11-1】 创建多线样式、多线及编辑多线。

1. 打开素材文件 "11-1.dwg"。
2. 选择菜单命令【格式】/【多线样式】，启动 MLSTYLE 命令，系统弹出【多线样式】对话框，如图 11-1 所示。
3. 单击 新建(N)... 按钮，弹出【创建新的多线样式】对话框，如图 11-2 所示。在【新样式名】文本框中输入新样式的名称 "样式-240"，在【基础样式】下拉列表中选择 "STANDARD"，该样式将成为新样式的样板样式。
4. 单击 继续 按钮，弹出【新建多线样式】对话框，如图 11-3 所示。在该对话框中完成以下任务。

图11-1 【多线样式】对话框

(1) 在【说明】文本框中输入关于多线样式的说明文字。
(2) 在【元素】列表框中选中 "0.5"，然后在【偏移】文本框中输入数值 "120"。
(3) 在【元素】列表框中选中 "-0.5"，然后在【偏移】文本框中输入数值 "-120"。

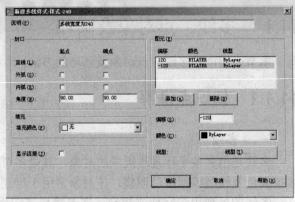

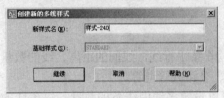

图11-2 【创建新的多线样式】对话框　　　　　　图11-3 【新建多线样式】对话框

5. 单击 确定 按钮，返回【多线样式】对话框，单击 置为当前(U) 按钮，使新样式成为当前样式。

6. 前面创建了多线样式，下面用 MLINE 命令生成多线。选择菜单命令【绘图】/【多线】，启动 MLINE 命令。

```
命令: _mline
指定起点或 [对正(J)/比例(S)/样式(ST)]: s        //选用"比例(S)"选项
输入多线比例 <20.00>: 1                          //输入缩放比例值
指定起点或 [对正(J)/比例(S)/样式(ST)]: j        //选用"对正(J)"选项
输入对正类型 [上(T)/无(Z)/下(B)] <无>: z        //设定对正方式为"无"
指定起点或 [对正(J)/比例(S)/样式(ST)]:          //捕捉 A 点，如图 11-4 左图所示
指定下一点:                                      //捕捉 B 点
指定下一点或 [放弃(U)]:                          //捕捉 C 点
指定下一点或 [闭合(C)/放弃(U)]:                  //捕捉 D 点
指定下一点或 [闭合(C)/放弃(U)]:                  //捕捉 E 点
指定下一点或 [闭合(C)/放弃(U)]:                  //捕捉 F 点
指定下一点或 [闭合(C)/放弃(U)]: c                //使多线闭合
命令:MLINE                                       //重复命令
指定起点或 [对正(J)/比例(S)/样式(ST)]:          //捕捉 G 点
指定下一点:                                      //捕捉 H 点
指定下一点或 [放弃(U)]:                          //按 Enter 键结束
命令:MLINE                                       //重复命令
指定起点或 [对正(J)/比例(S)/样式(ST)]:          //捕捉 I 点
指定下一点:                                      //捕捉 J 点
指定下一点或 [放弃(U)]:                          //按 Enter 键结束
```

结果如图 11-4 右图所示。

7. 利用 MLEDIT 命令编辑多线。MLEDIT 命令的主要功能有改变两条多线的相交形式、将多线中的线条切断或接合等。选择菜单命令【修改】/【对象】/【多线】，启动 MLEDIT 命令，打开【多线编辑工具】对话框，如图 11-5 所示。该对话框中的小型图片形象地说明了各项编辑功能。

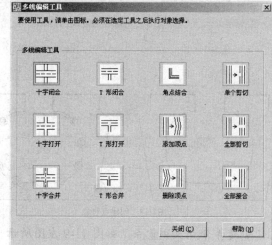

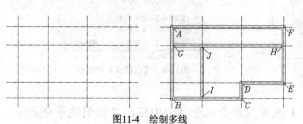

图11-4 绘制多线　　　　　　　　图11-5 【多线编辑工具】对话框

8. 选择【T形合并】，AutoCAD提示如下。

　　命令：_mledit

　　选择第一条多线： //在A点处选择多线，如图11-6左图所示

　　选择第二条多线： //在B点处选择多线

　　选择第一条多线 或 [放弃(U)]： //在C点处选择多线

　　选择第二条多线： //在D点处选择多线

　　选择第一条多线 或 [放弃(U)]： //在E点处选择多线

　　选择第二条多线： //在F点处选择多线

　　选择第一条多线 或 [放弃(U)]： //在G点处选择多线

　　选择第二条多线： //在H点处选择多线

　　选择第一条多线 或 [放弃(U)]： //按 Enter 键结束

结果如图11-6右图所示。

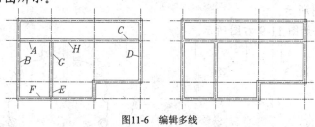

图11-6 编辑多线

11.1.3 范例解析——创建测量点、等分点及圆环

【练习11-2】 打开素材文件"11-2.dwg"，如图11-7左图所示。用POINT、DIVIDE及MEASURE等命令将左图修改为右图。

1. 设置点样式。选择菜单命令【格式】/【点样式】，打开【点样式】对话框，如图11-8所示。该对话框提供了多种样式的点，用户可根据需要选择其中一种，此外，还能通过【点大小】文本框指定点的大小。点的大小既可相对于屏幕大小来设置，也可直接输入点的绝对尺寸。

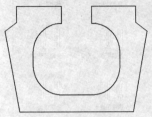 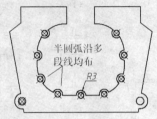 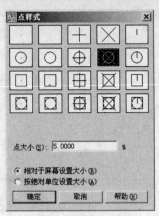

半圆弧沿多段线均布

R3

图11-7 创建点对象　　　　　　　　　　　图11-8 【点样式】对话框

2. 创建等分点及测量点，如图 11-9 左图所示。

(1) 选择菜单命令【绘图】/【点】/【定数等分】或输入命令代号 DIVIDE，启动创建等分点命令。

　　　　命令：_divide

　　　　选择要定数等分的对象：　　　　　　　//选择多段线 A，如图 11-9 所示

　　　　输入线段数目或 [块(B)]：10　　　//输入等分的数目

(2) 选择菜单命令【绘图】/【点】/【定距等分】或输入命令代号 MEASURE，启动创建测量点命令。

　　　　命令：_measure

　　　　选择要定距等分的对象：　　　　　　　//在 B 端处选择线段

　　　　指定线段长度或 [块(B)]：36　　　//输入测量长度

　　　　命令：MEASURE　　　　　　　　　//重复命令

　　　　选择要定距等分的对象：　　　　　　　//在 C 端处选择线段

　　　　指定线段长度或 [块(B)]：36　　　//输入测量长度

　　结果如图 11-9 左图所示。

3. 画圆及圆弧，结果如图 11-9 右图所示。

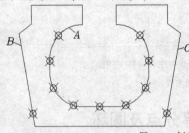 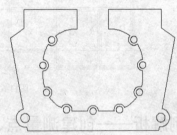

图11-9 创建等分点并画圆

【练习11-3】　创建圆环。

　　　　命令：_donut

　　　　指定圆环的内径 <2.0000>：3　　　//输入圆环内径

　　　　指定圆环的外径 <5.0000>：6　　　//输入圆环外径

　　　　指定圆环的中心点或<退出>：　　　//指定圆心

　　　　指定圆环的中心点或<退出>：　　　//按 Enter 键结束

图11-10 画圆环

　　结果如图 11-10 所示。

DONUT 命令生成的圆环实际上是具有宽度的多段线，用户可用 PEDIT 命令编辑该对象。此外，用户还可以设定是否对圆环进行填充，当把变量 FILLMODE 设置为 "1" 时，系统将填充圆环；否则，不填充。

11.1.4　课堂练习

【练习11-4】　利用 MLINE、TRIM 等命令绘制如图 11-11 所示的图形。

【练习11-5】　打开素材文件 "11-5.dwg"，用 DIVIDE、MEASURE、LINE 及 CIRCLE 等命令将图 11-12 中的左图修改为右图。

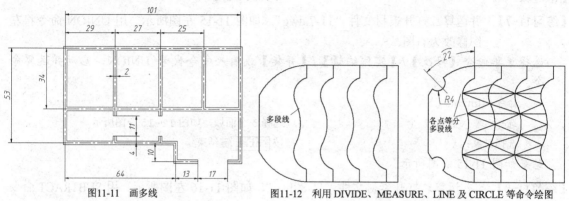

图11-11　画多线　　　　图11-12　利用 DIVIDE、MEASURE、LINE 及 CIRCLE 等命令绘图

11.2　面域对象及布尔操作

本节介绍利用面域构图的方法。

11.2.1　知识点讲解

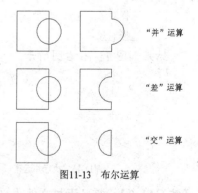

域（REGION）是指二维的封闭图形，它可由直线、多段线、圆、圆弧及样条曲线等对象围成，但应保证相邻对象间共享连接的端点，否则将不能创建域。域是一个单独的实体，具有面积、周长、形心等几何特征，使用它作图与传统的作图方法是截然不同的，此时可采用 "并"、"交"、"差" 等布尔运算来构造不同形状的图形，图 11-13 显示了 3 种布尔运算的结果。

图11-13　布尔运算

- 并运算：将所有参与运算的面域合并为一个新面域。
- 差运算：从一个面域中去掉一个或多个面域，从而形成一个新面域。
- 交远算：求出各个相交面域的公共部分。

11.2.2　范例解析——利用布尔运算构造图形

【练习11-6】　创建面域。打开素材文件 "11-6.dwg"，如图 11-14 所示。用 REGION 命令将该图创建成面域。

单击【绘图】工具栏上的 ⬚ 按钮或输入命令代号 REGION，启动创建面域命令。

```
命令: _region
选择对象: 找到 7 个              //选择矩形及两个圆，如图 11-14 所示
选择对象:                       //按 Enter 键结束
```

图 11-14 中包含了 3 个闭合区域，因而 AutoCAD 创建了 3 个面域。

面域是以线框的形式显示出来，用户可以对面域进行移动、复制等操作，还可用 EXPLODE 命令分解面域，使其还原为原始图形对象。

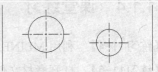

图11-14　创建面域

【练习11-7】　并运算。打开素材文件"11-7.dwg"，如图 11-15 左图所示。用 UNION 命令将左图修改为右图。

选择菜单命令【修改】/【实体编辑】/【并集】或输入命令代号 UNION，启动并运算命令。

```
命令: union
选择对象: 找到 7 个              //选择 5 个面域，如图 11-15 左图所示
选择对象:                       //按 Enter 键结束
```

结果如图 11-15 右图所示。

【练习11-8】　差运算。打开素材文件"11-8.dwg"，如图 11-16 左图所示。用 SUBTRACT 命令将左图修改为右图。

选择菜单命令【修改】/【实体编辑】/【差集】或输入命令代号 SUBTRACT，启动差运算命令。

```
命令: subtract
选择对象: 找到 1 个              //选择大圆面域，如图 11-16 左图所示
选择对象:                       //按 Enter 键
选择对象: 总计 4 个             //选择 4 个小矩形面域
选择对象                        //按 Enter 键结束
```

结果如图 11-16 右图所示。

图11-15　执行并运算

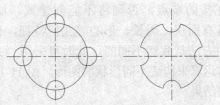

图11-16　执行差运算

【练习11-9】　打开素材文件"11-9.dwg"，如图 11-17 左图所示。用 INTERSECT 命令将左图修改为右图。

选择菜单命令【修改】/【实体编辑】/【交集】或输入命令代号 INTERSECT，启动交运算命令。

```
命令: intersect
选择对象: 找到 2 个              //选择圆面域及矩形面域，如图 11-17 左图所示
选择对象:                       //按 Enter 键结束
```

结果如图 11-17 右图所示。

【练习11-10】 利用面域造型法绘制图 11-18 所示的图形。对于该图形，可看成是由一系列矩形面域组成的，对这些面域进行并运算就形成了所需的图形。

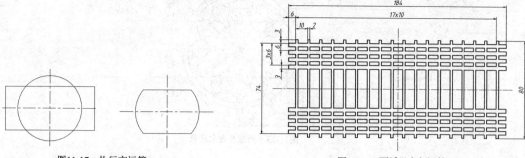

图11-17 执行交运算　　　　　　图11-18 面域及布尔运算

1. 绘制两个矩形并将它们创建成面域，如图 11-19 所示。
2. 阵列矩形，再进行镜像操作，如图 11-20 所示。

　　　　　　　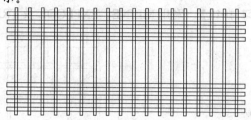

图11-19 创建面域　　　　　　　　图11-20 阵列面域

3. 对所有矩形面域执行并运算，结果如图 11-21 所示。

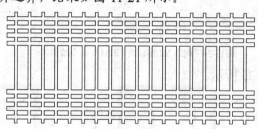

图11-21 执行并运算

11.2.3 课堂练习

【练习11-11】 利用面域造型法绘制如图 11-22 所示的图形。

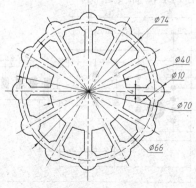

图11-22 面域及布尔运算

【练习11-12】　利用面域造型法绘制如图 11-23 所示的图形。

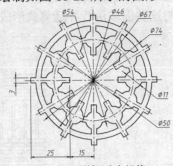

图11-23　面域及布尔运算

11.3　综合训练 1——绘制多线、圆环和圆点等对象组成的图形

【练习11-13】　利用 MLINE、EXPLODE 及 TRIM 等命令绘制如图 11-24 所示平面图形。

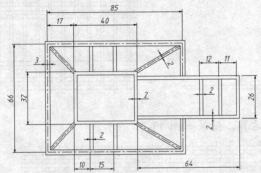

图11-24　利用 MLINE 及 TRIM 等命令绘图

主要绘图过程如图 11-25 所示。

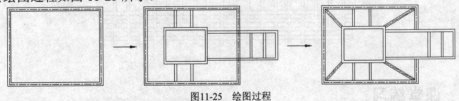

图11-25　绘图过程

【练习11-14】　利用 LINE、PLINE 及 DONUT 等命令绘制如图 11-26 所示平面图形。图中箭头及实心矩形用 PLINE 命令绘制。

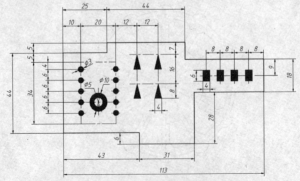

图11-26　利用 PLINE 及 DONUT 等命令绘图

【练习11-15】 利用 LINE、PEDIT 及 DIVIDE 等命令绘制如图 11-27 所示平面图形。

【练习11-16】 利用 LINE、PLINE 及 DONUT 等命令绘制平面图形，尺寸自定，如图 11-28 所示。图形轮廓及箭头都是多段线。

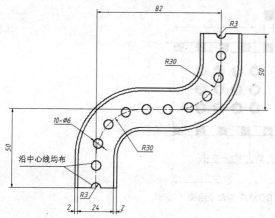

图11-27　利用 PEDIT 及 DIVIDE 等命令绘图

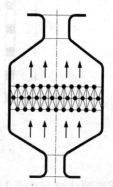

图11-28　利用 PLINE 及 DONUT 等命令绘图

11.4　综合训练 2——绘制挡板零件图

【练习11-17】 绘制挡板零件图，如图 11-29 所示。

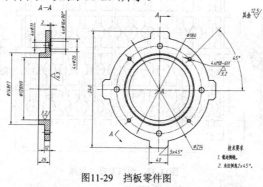

图11-29　挡板零件图

11.5　课后作业

1. 利用 MLINE、PLINE 及 DONUT 等命令绘制如图 11-30 所示平面图形。

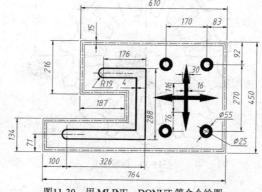

图11-30　用 MLINE、DONUT 等命令绘图

2. 利用 PLINE、DONUT 及 ARRAY 等命令绘制如图 11-31 所示平面图形。

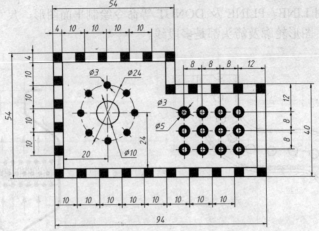

图11-31　用 PLINE 及 DONUT 等命令绘图

3. 利用面域造型法绘制如图 11-32 所示的图形。

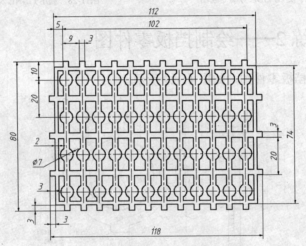

图11-32　面域及布尔运算

4. 利用面域造型法绘制如图 11-33 所示的图形。

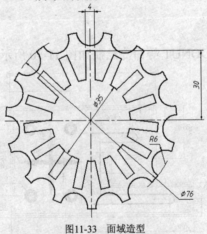

图11-33　面域造型

第 **12** 讲

书写及编辑文字

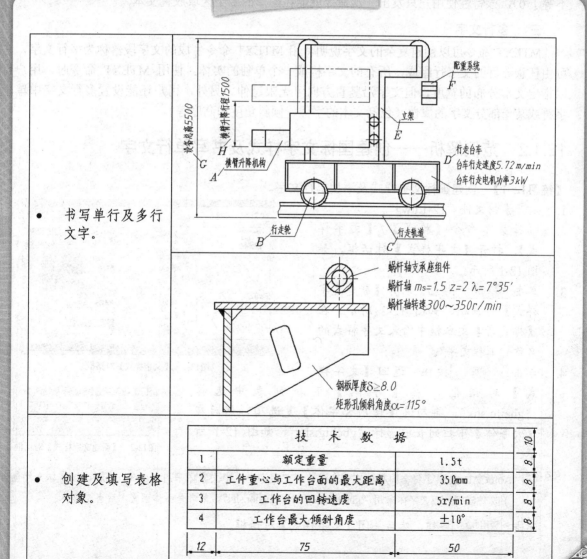

配重系统

设备总高5500

横臂升降行程1500

立架

F

E

行走台车
台车行走速度5.72m/min
台车行走电机功率3kW

D

H

G

A

横臂升降机构

行走轮

B

C

行走轨道

蜗杆轴支承座组件
蜗杆轴 $ms=1.5$ $z=2$ $\lambda=7°35'$
蜗杆轴转速300~350r/min

钢板厚度$S≥8.0$
矩形孔倾斜角度$\alpha=115°$

- 书写单行及多行
  文字。

- 创建及填写表格
  对象。

技 术 数 据				
1	额定重量	1.5t		10
2	工件重心与工作台面的最大距离	350mm		8
3	工作台的回转速度	5r/min		8
4	工作台最大倾斜角度	±10°		8

12   75   50

12.1　文字样式、单行文字及多行文字

本节介绍书写单行文字及多行文字的方法。

12.1.1　知识点讲解

一、　文字样式

文字样式包含字体、字符宽度、倾斜角度及高度等项目。AutoCAD 生成的文字对象，其外观由与它关联的文字样式决定。默认情况下 Standard 文字样式是当前样式，用户也可根据需要创建新的文字样式。

二、　单行文字

DTEXT 命令创建单行文字对象。发出此命令后，用户不仅可以设定文本的对齐方式和文字的倾斜角度，而且还能用十字光标在不同的地方选取点以定位文本的位置（系统变量 DTEXTED 不等于 0），该特性使用户只发出一次命令就能在图形的多个区域放置文本。

三、　多行文字

MTEXT 命令可以创建复杂的文字说明。用 MTEXT 命令生成的文字段落称为多行文字，它可由任意数目的文字行组成，所有的文字构成一个单独的实体。使用 MTEXT 命令时，用户可以指定文本分布的宽度，但文字沿竖直方向可无限延伸。另外，用户还能设置多行文字中单个字符或某一部分文字的属性（包括文本的字体、倾斜角度和高度等）。

12.1.2　范例解析——创建国标文字样式及书写单行文字

【练习12-1】　创建国标文字样式及添加单行文字。

1. 打开素材文件 "12-1.dwg"。
2. 选择菜单命令【格式】/【文字样式】，打开【文字样式】对话框，如图 12-1 所示。

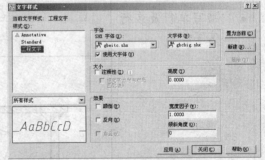

图12-1　【文字样式】对话框

3. 单击 新建(N)... 按钮，打开【新建文字样式】对话框，如图 12-2 所示。在【样式名】文本框中输入文字样式的名称 "工程文字"。
4. 单击 确定 按钮，返回【文字样式】对话框，在【字体】下拉列表中选择 "gbeitc.shx"。再勾选【使用大字体】复选项，然后在【大字体】下拉列表中选择 "gbcbig.shx"，如图 12-1 所示。

图12-2　【新建文字样式】对话框

> **要点提示**　AutoCAD 提供了符合国标的字体文件。在工程图中，中文字体采用 "gbcbig.shx"，该字体文件包含了长仿宋字。西文字体采用 "gbeitc.shx" 或 "gbenor.shx"，前者是斜体西文，后者是直体。

5. 单击 应用(A) 按钮，然后关闭【文字样式】对话框。

6. 用 DTEXT 命令创建单行文字，选择菜单命令【绘图】/【文字】/【单行文字】，启动 DTEXT 命令。

命令: dtext	
指定文字的起点或 [对正(J)/样式(S)]:	//单击 A 点，如图 12-3 所示
指定高度 <3.0000>: 5	//输入文字高度
指定文字的旋转角度 <0>:	//按 Enter 键
横臂升降机构	//输入文字
行走轮	//在 B 点处单击一点，并输入文字
行走轨道	//在 C 点处单击一点，并输入文字
行走台车	//在 D 点处单击一点，输入文字并按 Enter 键
台车行走速度 5.72m/min	//输入文字并按 Enter 键
台车行走电机功率 3KW	//输入文字
立架	//在 E 点处单击一点，并输入文字
配重系统	//在 F 点处单击一点，输入文字并按 Enter 键
	//按 Enter 键结束
命令:DTEXT	//重复命令
指定文字的起点或 [对正(J)/样式(S)]:	//单击 G 点
指定高度 <5.0000>:	//按 Enter 键
指定文字的旋转角度 <0>: 90	//输入文字旋转角度
设备总高 5500	//输入文字
横臂升降行程 1500	//在 H 点处单击一点，输入文字并按 Enter 键
	//按 Enter 键结束

结果如图 12-3 所示。

【知识链接】

【文字样式】对话框中的常用选项如下。

- 新建(N)... 按钮：单击此按钮，就可以创建新文字样式。

- 删除(D) 按钮：在【样式(S)】下拉列表中选择一个文字样式，再单击此按钮就可以将该文字样式删除。当前样式和正在使用的文字样式不能被删除。

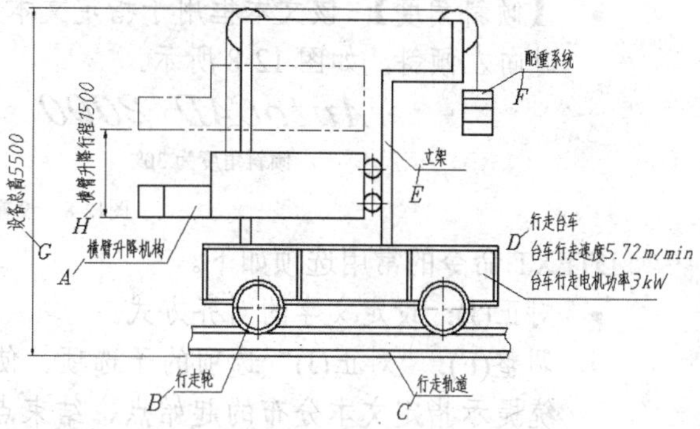

图12-3　创建单行文字

- 【字体】下拉列表：在此列表中罗列了所有的字体。带有双 "T" 标志的字体是 Windows 系统提供的 "TrueType" 字体，其他字体是 AutoCAD 自己的字体（*.shx），其中 "gbenor.shx"（直体西文）和 "gbeitc.shx"（斜体西文）字体是符合国标的工程字体。

- 【使用大字体】：大字体是指专为亚洲国家设计的文字字体。其中 "gbcbig.shx" 字体是符合国标的工程汉字字体，该字体文件还包含一些常用的特殊符号。由于 "gbcbig.shx" 中不包含西文字体定义，因而使用时可将其与 "gbenor.shx" 和 "gbeitc.shx" 字体配合使用。

- 【高度】：输入字体的高度。如果用户在该文本框中指定了文本高度，则当使用 DTEXT（单行文字）命令时，系统将不再提示"指定高度"。

- 【颠倒】：选中此复选项，文字将上下颠倒显示。该复选项仅影响单行文字，如图 12-4 所示。

AutoCAD 2000　　　　ＶＯ⅃ＯＣＶＯ ５０００

【颠倒】复选项　　　　　　打开【颠倒】复选项

图12-4　关闭或打开【颠倒】复选项

- 【反向】：选中该复选项，文字将首尾反向显示。该复选项仅影响单行文字，如图 12-5 所示。

AutoCAD 2000　　　　ＯＯＯＳ ＤＡＣｏｔｕＡ

关闭【反向】复选项　　　　打开【反向】复选项

图12-5　关闭或打开【反向】复选项

- 【垂直】：选中该选项，文字将沿竖直方向排列，如图 12-6 所示。

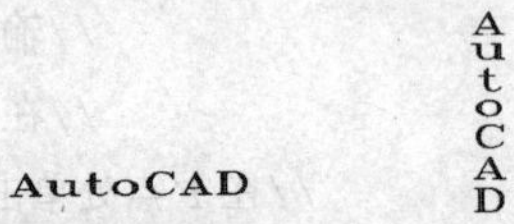

AutoCAD　　　　A
　　　　　　　　u
　　　　　　　　t
　　　　　　　　o
　　　　　　　　C
　　　　　　　　A
　　　　　　　　D

关闭【垂直】复选项　　　打开【垂直】复选项

图12-6　关闭或打开【垂直】选项

- 【宽度比例】：默认的宽度因子为 1。若输入小于 1 的数值，则文本将变窄，否则，文本变宽，如图 12-7 所示。

AutoCAD 2000　　　AutoCAD 2000

宽度比例因子为1.0　　　　宽度比例因子为0.7

图12-7　调整宽度比例因子

- 【倾斜角度】：该文本框用于指定文本的倾斜角度，角度值为正时向右倾斜，为负时向左倾斜，如图 12-8 所示。

AutoCAD 2000　　　*AutoCAD 2000*

倾斜角度为30º　　　　　倾斜角度为−30º

图12-8　设置文字倾斜角度

DTEXT 命令的常用选项如下。

- 对正(J)：设定文字的对齐方式。
- 调整(F)："对正(J)"选项的子选项。使用这个选项时，系统提示指定文本分布的起始点、结束点及文字高度。当用户选定两点并输入文本后，系统把文字压缩或扩展使其充满指定的宽度范围，如图 12-9 所示。
- 样式(S)：指定当前文字样式。

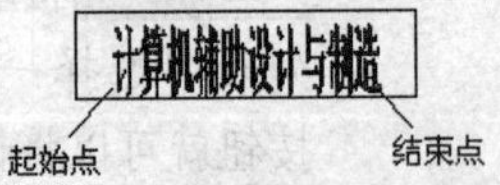

计算机辅助设计与制造

起始点　　　　　　结束点

"调整（F）"选项

图12-9　使文字充满指定的宽度范围

12.1.3　范例解析——在单行文字中加入特殊符号

【练习12-2】　打开素材文件"12-2.dwg"，在图中添加单行文字，如图 12-10 所示。文字字高为 5，中文字体采用"gbcbig.shx"，西文字体采用"gbenor.shx"。

【知识链接】

工程图中用到的许多符号都不能通过标准键盘直接输入，如文字的下划线、直径代号等。

当用户利用 DTEXT 命令创建文字注释时，必须输入特殊的代码来产生特定的字符，这些代码及对应的特殊符号如表 12-1 所示。

表 12-1   特殊字符的代码

代码	字符
%%o	文字的上划线
%%u	文字的下划线
%%d	角度的度符号
%%p	表示 "±"
%%c	直径代号

使用表中代码生成特殊字符的样例如图 12-11 所示。

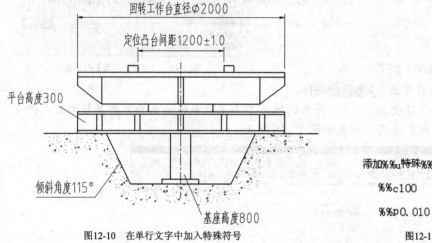

图12-10   在单行文字中加入特殊符号

添加%%u特殊%%u字符	添加特殊字符
%%c100	φ100
%%p0.010	±0.010

图12-11   创建特殊字符

12.1.4   范例解析——创建多行文字及添加特殊字符

【练习12-3】 打开素材文件 "12-3.dwg"，在图中添加多行文字，如图 12-12 所示。图中文字特性如下。

- "α"、"λ"、"δ"、"≈"、"≥"：字高 4，字体 "symbol"。
- 其余文字：字高为 5，中文字体采用 "gbcbig.shx"，西文字体采用 "gbeitc.shx"。

1. 启动 MTEXT 命令，AutoCAD 打开多行文字编辑器，在该编辑器【字体】下拉列表中选择 "gbeitc,gbcbig"，在【字体高度】文本框中输入数值 5，然后输入文字，如图 12-13 所示。

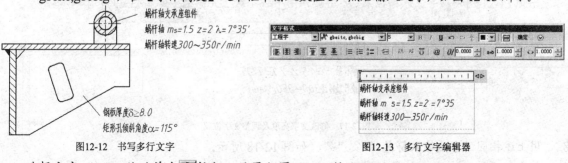

图12-12   书写多行文字   图12-13   多行文字编辑器

2. 选择文字 "^s"，然后单击 按钮，结果如图 12-14 所示。

3. 单击鼠标右键，弹出快捷菜单，选择【符号】/【其他】选项，打开【字符映射表】对话框，如图 12-15 所示。

4. 在对话框的"字体"下拉列表中选择"Symbol"字体，然后选取需要的字符"λ"，如图 12-15 所示。

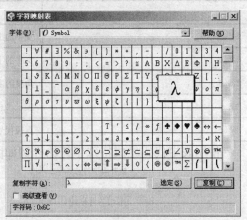

图12-14　创建文字下标　　　　　　　图12-15　【字符映射表】对话框

5. 单击 选定(S) 按钮，再单击 复制(C) 按钮。

6. 返回多行文字编辑器，在要插入"λ"符号的地方单击鼠标左键，然后单击鼠标右键，弹出快捷菜单，选择【粘贴】选项，结果如图 12-16 所示。

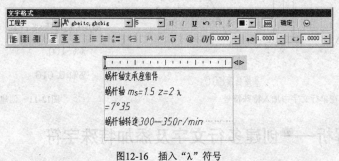

图12-16　插入"λ"符号

要点提示　粘贴"λ"符号后，AutoCAD 将自动回车。

7. 把"λ"符号的高度修改为 4，再将光标放置在此符号的后面，按 Delete 键，结果如图 12-17 所示。

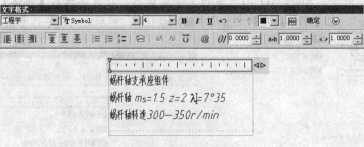

图12-17　修改文字高度及调整文字位置

8. 用上述相同的方法输入符号"'"、"~"，如图 12-18 所示。

9. 单击 确定 按钮，结果如图 12-19 所示。

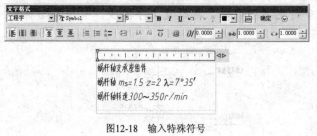

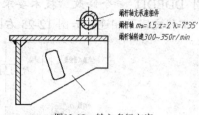

图12-18 输入特殊符号　　　　　　　　　　图12-19 输入多行文字

10. 用 MTEXT 命令创建其余文字，结果如图 12-12 所示。

12.1.5 范例解析——创建分数及公差形式文字

【练习12-4】 创建分数及公差形式文字，如图 12-20 所示。

1. 打开多行文字编辑器，输入多行文字，如图 12-21 所示。

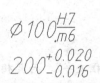

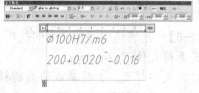

图12-20 创建分数及公差形式文字　　　　　　图12-21 输入文字

2. 选择文字 "H7/m6"，然后单击 按钮，结果如图 12-22 所示。

图12-22 创建分数形式文字　　　　　　图12-23 创建公差形式文字

3. 选择文字 "+0.020^-0.016"，然后单击 按钮，结果如图 12-23 所示。

4. 单击 确定 按钮完成。

12.1.6 范例解析——编辑文字

【练习12-5】 打开素材文件 "12-5.dwg"，如图 12-24 左图所示，修改文字内容、字体及字高，
结果如图 12-24 右图所示。右图中文字特性如下。

- "技术要求"：字高为 5，字体为 "gbeitc,gbcbig"。
- 其余文字：字高为 3.5，字体为 "gbeitc,gbcbig"。

1. 创建新文字样式，新样式名称为 "工
   程文字"，与其相连的字体文件是
   "gbeitc.shx" 和 "gbcbig.shx"。

2. 用 DDEDIT 命令修改 "蓄能器"、"行程
   开关" 等单行文字的内容，再用
   PROPERTIES 命令将这些文字的高度
   修改为 3.5，并使其与样式 "工程文
   字" 相连，如图 12-25 左图所示。

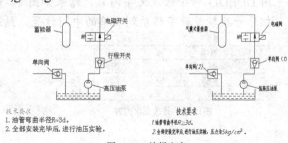

图12-24 编辑文字

3. 用 DDEDIT 命令修改“技术要求”等多行文字的内容，再改变文字高度，并使其与样式“工程文字”相连，如图 12-25 右图所示。

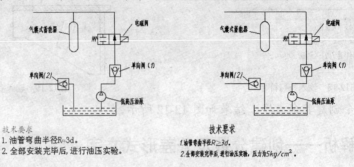

图12-25　修改文字内容及高度等

12.1.7　范例解析——填写明细表

【练习12-6】　给表格中添加文字的技巧。

1. 打开素材文件“12-6.dwg”。
2. 创建新文字样式，并使其成为当前样式。新样式名称为“工程文字”，与其相连的字体文件是“gbeitc.shx”和“gbcbig.shx”。
3. 用 DTEXT 命令在明细表底部第一行中书写文字“序号”，字高 5，如图 12-26 所示。
4. 用 COPY 命令将“序号”由 *A* 点复制到 *B*、*C*、*D*、*E* 点，如图 12-27 所示。

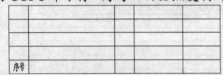

图12-26　书写文字“序号”

图12-27　复制对象

5. 用 DDEDIT 命令修改文字内容，再用 MOVE 命令调整“名称”、“材料”的位置，结果如图 12-28 所示。
6. 把已经填写的文字向上阵列，如图 12-29 所示。

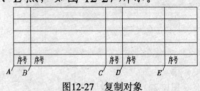

序号	名称	数量	材料	备注

图12-28　编辑文字内容

序号	名称	数量	材料	备注
序号	名称	数量	材料	备注
序号	名称	数量	材料	备注
序号	名称	数量	材料	备注
序号	名称	数量	材料	备注

图12-29　阵列文字

7. 用 DDEDIT 命令修改文字内容，结果如图 12-30 所示。
8. 把序号及数量数字移动到表格的中间位置，结果如图 12-31 所示。

4	转轴	1	45	
3	定位板	2	Q235	
2	轴承盖	1	HT200	
1	轴承座	1	HT200	
序号	名称	数量	材料	备注

图12-30　修改文字内容

4	转轴	1	45	
3	定位板	2	Q235	
2	轴承盖	1	HT200	
1	轴承座	1	HT200	
序号	名称	数量	材料	备注

图12-31　移动文字

12.1.8 课堂练习

【练习12-7】 打开素材文件"12-7.dwg",请在图中添加单行文字,如图 12-32 所示。文字字高为 3.5,中文字体采用"gbcbig.shx",西文字体采用"gbeitc.shx"。

【练习12-8】 打开素材文件"12-8.dwg",请在图中添加多行文字,如图 12-33 所示。图中文字特性如下。

- "弹簧总圈数……"及"加载到……":文字字高为 5,中文字体采用"gbcbig.shx",西文字体采用"gbeitc.shx"。
- "检验项目":文字字高为 4,字体采用"黑体"。
- "检验弹簧……":文字字高为 3.5,字体采用"楷体"。

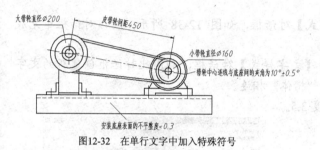

图12-32 在单行文字中加入特殊符号

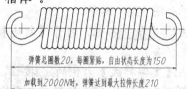

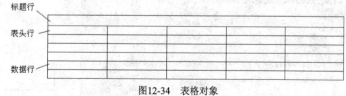

图12-33 创建多行文字

12.2 创建表格对象

本节介绍创建表格对象的方法。

12.2.1 知识点讲解

在 AutoCAD 中,用户可以生成表格对象。创建该对象时,系统首先生成一个空白表格,随后可在该表中填入文字信息。表格的宽度、高度及表中文字可以很方便地被修改,还可按行、列方式删除表格单元或是合并表中相邻单元。

表格对象的外观由表格样式控制。默认情况下,表格样式是"Standard",但用户可以根据需要创建新的表格样式。"Standard"表格的外观如图 12-34 所示,第一行是标题行,第二行是表头行,其他行是数据行。

在表格样式中,用户可以设定表格单元文字的文字样式、字高、对齐方式及表格单元的填充颜色,还可设定单元边框的线宽和颜色,以及控制是否将边框显示出来。

图12-34 表格对象

12.2.2 范例解析——创建及填写表格对象

【练习12-9】 创建如图 12-35 所示的表格对象,表中文字字高为 3.5 和 4.0,字体为"楷体"。
1. 创建新的表格样式。选择菜单命令【格式】/【表格样式】,打开【表格样式】对话框,如图

12-36 所示。

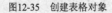

技 术 数 据		
1	额定重量	1.5t
2	工件重心与工作台面的最大距离	350mm
3	工作台的回转速度	5r/min
4	工作台最大倾斜角度	±10°

图12-35 创建表格对象

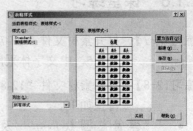

图12-36 【表格样式】对话框

2. 单击 新建(N)... 按钮，弹出【创建新的表格样式】对话框，在【基础样式】下拉列表中选择新样式的原始样式 "Standard"，在【新样式名】文本框中输入新样式的名称 "表格样式-1"，如图 12-37 所示。

3. 单击 继续 按钮，打开【新建表格样式】对话框，如图 12-38 所示。在该对话框中完成以下任务。

(1) 单击【文字样式】右侧的 ... 按钮，打开【文字样式】对话框，利用此对话框创建新的文字样式 "表格样式-1"。该样式与字体文件 "楷体" 相连。

(2) 在【文字高度】文本框中输入文字的高度3.5。

图12-37 【创建新的表格样式】对话框

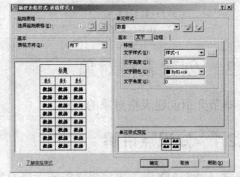

图12-38 【新建表格样式】对话框

4. 单击【绘图】工具栏上的 按钮，启动 TABLE 命令，打开【插入表格】对话框，在该对话框【表格样式】下拉列表中选择 "表格样式-1"，然后输入创建表格的参数，如图 12-39 所示。

5. 单击 确定 按钮，指定表格插入点，然后关闭【文字格式】工具栏，创建如图 12-40 所示的表格。

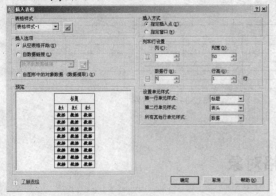

图12-39 【插入表格】对话框

图12-40 创建表格

6. 按住左键在表格内拖出矩形框，选中第一、二行内的所有单元，弹出【表格】工具栏，单

击该工具栏上的  按钮，删除第一、二行，按 Esc 键，结果如图 12-41 所示。

7. 选中第一行的所有单元，再单击鼠标右键，弹出快捷菜单，选择【合并单元】/【全部】选项，结果如图 12-42 所示。

图12-41 删除单元

图12-42 合并单元

要点提示 选择一个单元，然后按住 Shift 键选择另一单元，则这两个单元以及它们之间的所有单元被选中。

8. 选中第一行的单元，然后启动 PROPERTIES 命令，打开【特性】对话框，在【单元高度】栏中输入数值"10"，如图 12-43 所示。

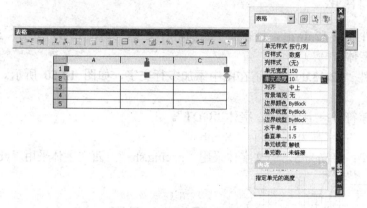

图12-43 【特性】对话框

9. 选择其他单元修改表格的尺寸，结果如图 12-44 所示。
10. 双击第一行以激活它，在其中输入文字，文字高度4，如图 12-45 所示。

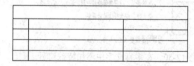

图12-44 修改表格尺寸

图12-45 在第一行输入文字

要点提示 在某一单元中填写文字时，可使用箭头键将光标移动到上、下、左、右相邻的另一单元。

11. 用同样的方法输入表格中的其他文字，如图 12-46 左图所示。选中所有单元，弹出【表格】工具栏，单击工具栏上的 按钮，将表中文字的对齐方式改为"正中"，结果如图 12-46 右图所示。

	技 术 数 据					技 术 数 据	
1	额定重量	1.5 t		1	额定重量	1.5 t
2	工件重心与工作台面的最大距离	350mm		2	工件重心与工作台面的最大距离	350mm
3	工作台的回转速度	5r/min		3	工作台的回转速度	5r/min
4	工作台最大倾斜角度	±10°		4	工作台最大倾斜角度	±10°

图12-46 输入表格中的文字

12.2.3　课堂练习

【练习12-10】　创建如图 12-47 所示的空白表格。

【练习12-11】　创建如图 12-48 所示的表格对象，表中文字字高为 3.5，字体为"gbsbig.shx"。

图12-47　创建空白表格

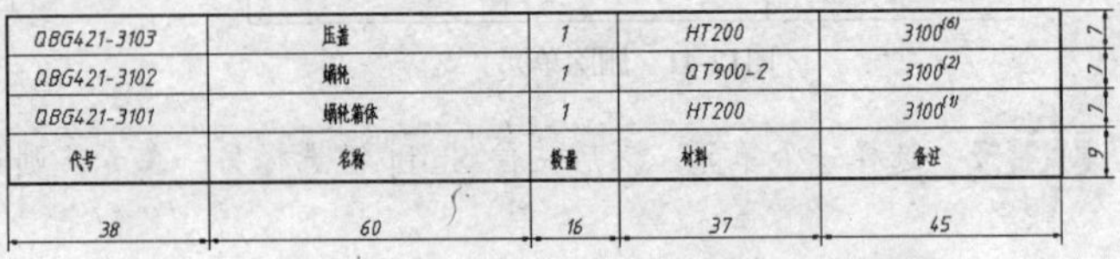

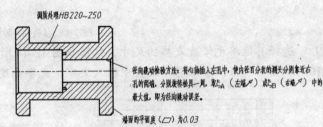

代号	名称	数量	材料	备注	
QBG421-3103	压盖	1	HT200	3100[4]	
QBG421-3102	蜗轮	1	QT900-2	3100[2]	
QBG421-3101	蜗轮蜗体	1	HT200	3100[1]	
代号	名称	数量	材料	备注	
38	60	16	37	45	

图12-48　创建表格对象

12.3　课后作业

1. 打开素材文件"12-12.dwg"，请在图中添加单行文字，如图 12-49 所示。文字字高为 3.5，字体采用"楷体"。

2. 打开素材文件"12-13.dwg"，请在图中添加多行文字，如图 12-50 所示。图中文字特性如下。

   (1) 形位公差符号：字高为 3，字体"GDT"。

   (2) "ξ"、"~"：字高为 4，字体"Symbol"。

   (3) 其余文字：字高为 5，中文字体采用"gbcbig.shx"，西文字体采用"gbeitc.shx"。

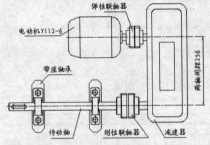

图12-49　创建单行文字

图12-50　在多行文字中添加特殊符号

3. 打开素材文件"12-14.dwg"，请在图中添加单行及多行文字，如图 12-51 所示，图中文字特性如下。

   (1) 单行文字字体为【宋体】，字高为为"10"，其中部分文字沿 60°方向书写，字体倾斜角度为30°。

   (2) 多行文字字高为"12"，字体为"黑体"和"宋体"。

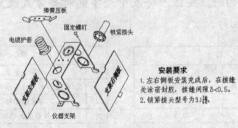

图12-51　书写单行及多行文字

第 13 讲

标注尺寸

- 标注平面图形。

- 标注传动轴零件图。

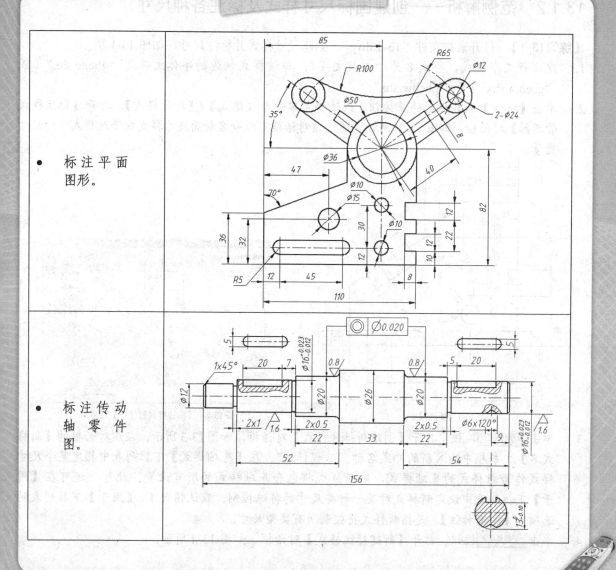

13.1 标注尺寸的方法

本节介绍标注各种类型尺寸的方法。

13.1.1 知识点讲解

AutoCAD 的尺寸标注命令很丰富，可以轻松地创建出各种类型的尺寸。尺寸标注是一个复合体，它以块的形式存储在图形中，其组成部分包括尺寸线、尺寸线两端起止符号（箭头、斜线等）、尺寸界线及标注文字等，所有这些组成部分的格式都由尺寸样式来控制。

在标注尺寸前，用户一般都要创建尺寸样式，否则，AutoCAD 将使用默认样式 standard 生成尺寸标注。AutoCAD 可以定义多种不同的标注样式并为之命名，标注时，用户只需指定某个样式为当前样式，就能创建相应的标注形式。

13.1.2 范例解析——创建国标尺寸样式及标注各种尺寸

【练习13-1】　打开素材文件"13-1.dwg"，创建尺寸样式并标注尺寸，如图 13-1 所示。

1. 建立新文字样式，样式名为"工程文字"。与该样式相连的字体文件是"gbeitc.shx"（或 "gbenor.shx"）和"gbcbig.shx"。
2. 单击【标注】工具栏上的 按钮，或选择菜单命令【格式】/【标注样式】，打开【标注样式管理器】对话框，如图 13-2 所示。通过该对话框可以命名新的尺寸样式或修改样式中的尺寸变量。

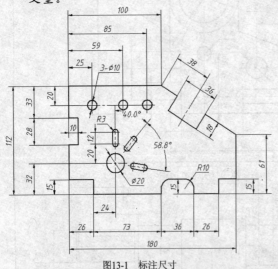

图13-1　标注尺寸

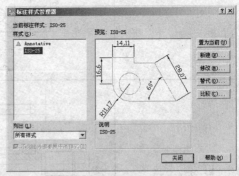

图13-2　【标注样式管理器】对话框

3. 单击 新建(N)... 按钮，打开【创建新标注样式】对话框，如图 13-3 所示。在该对话框的【新样式名】文本框中输入新的样式名称"工程标注"。在【基础样式】下拉列表中指定某个尺寸样式作为新样式的基础样式，则新样式将包含基础样式的所有设置。此外，还可在【用于】下拉列表中设定新样式对某一种类尺寸的特殊控制。默认情况下，【用于】下拉列表的选项是【所有标注】，是指新样式将控制所有类型尺寸。
4. 单击 继续 按钮，打开【新建标注样式】对话框，如图 13-4 所示。

图13-3 【创建新标注样式】对话框

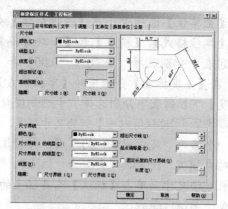

图13-4 【新建标注样式】对话框

5. 在【线】选项卡的【基线间距】、【超出尺寸线】和【起点偏移量】文本框中分别输入"7"、"2"和"0"。

(1) 【基线间距】：此选项决定了平行尺寸线间的距离，例如，当创建基线型尺寸标注时，相邻尺寸线间的距离由该选项控制，如图 13-5 所示。

(2) 【超出尺寸线】：控制尺寸界线超出尺寸线的距离，如图 13-6 所示。国标中规定，尺寸界线一般超出尺寸线 2mm～3mm。

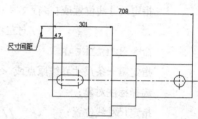

图13-5 控制尺寸线间的距离

(3) 【起点偏移量】：控制尺寸界线起点与标注对象端点间的距离，如图 13-7 所示。

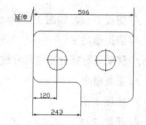

图13-6 设定尺寸界线超出尺寸线的长度

图13-7 控制尺寸界线起点与标注对象间的距离

6. 在【符号和箭头】选项卡的【第一个】下拉列表中选择【实心闭合】选项，在【箭头大小】文本框中输入"2"，该值设定箭头的长度。

7. 在【文字】选项卡的【文字样式】下拉列表中选择"工程文字"，在【文字高度】、【从尺寸线偏移】文本框中分别输入"2.5"和"0.8"，在【文字对齐】分组框中选择【与尺寸线对齐】选项。

(1) 【文字样式】：在这个下拉列表中选择文字样式或单击其右侧的▢按钮，打开【文字样式】对话框，创建新的文字样式。

(2) 【从尺寸线偏移】：该选项设定标注文字与尺寸线间的距离。

  【与尺寸线对齐】：使标注文本与尺寸线对齐。对于国标标注，应选择此选项。

8. 在【调整】选项卡的【使用全局比例】文本框中输入 2。该比例值将影响尺寸标注所有组成元素的大小，如标注文字和尺寸箭头等，如图13-8所示。当用户欲以 1:2 的比例将图样打印在标准幅面的图纸上时，为保证尺寸外观合适，应设定标注的全局比例为打印比例的倒数，即 2。

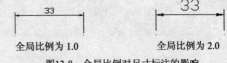

全局比例为1.0　　　　　全局比例为2.0

图13-8　全局比例对尺寸标注的影响

9. 进入【主单位】选项卡，在【线性标注】分组框的【单位格式】、【精度】和【小数分隔符】下拉列表中分别选择"小数"、"0.00"和"句点"；在【角度标注】分组框的【单位格式】和【精度】下拉列表中分别选择"十进制度数"、"0.0"。

10. 单击 ▇▇ 确定 ▇▇ 按钮得到一个新的尺寸样式，再单击 置为当前(U) 按钮使新样式成为当前样式。

11. 创建一个名为"尺寸标注"的图层，并使该层成为当前层。

12. 打开对象捕捉，设置捕捉类型为"端点"、"圆心"和"交点"。

13. 创建长度型尺寸。单击【标注】工具栏上的 ▯ 按钮，启动 DIMLINEAR 命令。

　　令：_dimlinear
　　指定第一条尺寸界线原点或 <选择对象>：　　　　　//捕捉端点 A，如图13-9 所示
　　指定第二条尺寸界线原点：　　　　　　　　　　　//捕捉端点 B
　　指定尺寸线位置或[多行文字(M)/文字(T)/角度(A)/水平(H)/垂直(V)/旋转(R)]：
　　　　　　　　　　//向左移动鼠标指针将尺寸线放置在适当位置，单击鼠标左键结束
　　命令：DIMLINEAR　　　　　　　　　　　　　　　//重复命令
　　指定第一条尺寸界线原点或 <选择对象>：　　　　　//按 Enter 键
　　选择标注对象：　　　　　　　　　　　　　　　　//选择线段 C
　　指定尺寸线位置：　　//向上移动鼠标指针将尺寸线放置在适当位置，单击鼠标左键结束
　　继续标注尺寸"180"和"61"，结果如图13-9 所示。

14. 创建对齐尺寸。单击【标注】工具栏上的 ▱ 按钮，启动 DIMALIGNED 命令。

　　命令：_dimaligned
　　指定第一条尺寸界线原点或 <选择对象>：　　　　　//捕捉 D 点，如图13-10 所示
　　指定第二条尺寸界线原点：per 到　　　　　　　　//捕捉垂足 E
　　指定尺寸线位置或[多行文字(M)/文字(T)/角度(A)]：//移动鼠标指针指定尺寸线的位置
　　命令：DIMALIGNED　　　　　　　　　　　　　　//重复命令
　　指定第一条尺寸界线原点或 <选择对象>：　　　　　//捕捉 F 点
　　指定第二条尺寸界线原点：　　　　　　　　　　　//捕捉 G 点
　　指定尺寸线位置或[多行文字(M)/文字(T)/角度(A)]：//移动鼠标指针指定尺寸线的位置
　　结果如图13-10 左图所示。

15. 选择尺寸"36"或"38"，再选中文字处的关键点，移动光标调整文字及尺寸线的位置。继续标注尺寸"18"，结果如图13-10 右图所示。

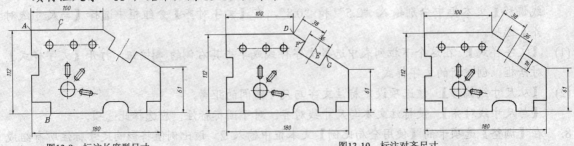

图13-9　标注长度型尺寸　　　　　　　　　　图13-10　标注对齐尺寸

16. 创建连续型和基线型尺寸标注。利用关键点编辑方式向下调整尺寸"180"的尺寸线位置，然后标注连续尺寸，如图13-11 所示。

命令：_dimlinear   //标注尺寸"26"，如图 13-11 左图所示

    指定第一条尺寸界线原点或 <选择对象>：   //捕捉 *H* 点

    指定第二条尺寸界线原点：   //捕捉 *I* 点

    指定尺寸线位置：   //移动鼠标指针指定尺寸线的位置

单击【标注】工具栏上的 ⊢⊢⊢ 按钮，启动创建连续标注命令。

    命令：_dimcontinue

    指定第二条尺寸界线原点或 [放弃(U)/选择(S)] <选择>：   //捕捉 *J* 点

    指定第二条尺寸界线原点或 [放弃(U)/选择(S)] <选择>：   //捕捉 *K* 点

    指定第二条尺寸界线原点或 [放弃(U)/选择(S)] <选择>：   //捕捉 *L* 点

    指定第二条尺寸界线原点或 [放弃(U)/选择(S)] <选择>：   //按 Enter 键

    选择连续标注：   //按 Enter 键结束

结果如图 13-11 左图所示。

17. 标注尺寸"15"、"33"、"28"等，结果如图 13-11 右图所示。

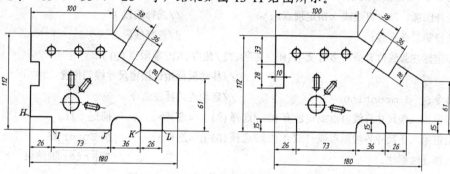

图13-11　创建连续型尺寸及调整尺寸线的位置

18. 利用关键点编辑方式向上调整尺寸"100"的尺寸线位置，然后创建基线型尺寸，如图 13-12 所示。

    命令：_dimlinear   //标注尺寸"25"，如图 13-12 左图所示

    指定第一条尺寸界线原点或 <选择对象>：//捕捉 *M* 点

    指定第二条尺寸界线原点：   //捕捉 *N* 点

    指定尺寸线位置：   //移动鼠标光标指定尺寸线的位置

单击【标注】工具栏上的 ⊟ 按钮，启动创建基线型尺寸命令。

    命令：_dimbaseline

    指定第二条尺寸界线原点或 [放弃(U)/选择(S)] <选择>：   //捕捉 *O* 点

    指定第二条尺寸界线原点或 [放弃(U)/选择(S)] <选择>：   //捕捉 *P* 点

    指定第二条尺寸界线原点或 [放弃(U)/选择(S)] <选择>：   //按 Enter 键

    选择基准标注：   //按 Enter 键结束

结果如图 13-12 左图所示。

19. 打开正交模式，用 STRETCH 命令将虚线矩形框 *Q* 内的尺寸线向左调整，然后标注尺寸"20"，结果如图 13-12 右图所示。

20. 利用当前尺寸样式的覆盖方式标注角度。单击【标注】工具栏上的 ⊿ 按钮，打开【标注样式管理器】对话框。

21. 单击 替代(O)... 按钮（注意不要使用 修改(M)... 按钮），打开【替代当前样式】对话框。进入【文字】选项卡，在【文字对齐】分组框中选择【水平】单选项，如图 13-13 所示。

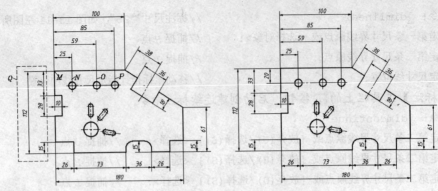

图13-12　创建基线型尺寸及调整尺寸线的位置

22. 返回主窗口，标注角度尺寸，角度数字将水平放置，如图 13-14 所示。单击【标注】工具栏上的 按钮，启动标注角度命令。

命令：_dimangular

选择圆弧、圆、直线或 <指定顶点>:　　　　　　　　　//选择线段 A

选择第二条直线：　　　　　　　　　　　　　　　//选择线段 B

指定标注弧线位置或 [多行文字(M)/文字(T)/角度(A)/象限点(Q)]:

//移动鼠标指针指定尺寸线的位置

命令：_dimcontinue　　　　　　　　//启动连续标注命令

指定第二条尺寸界线原点或 [放弃(U)/选择(S)] <选择>:　//捕捉 C 点

指定第二条尺寸界线原点或 [放弃(U)/选择(S)] <选择>:　//按 Enter 键

选择连续标注：　　　　　　　　　　　　//按 Enter 键结束

结果如图 13-14 所示。

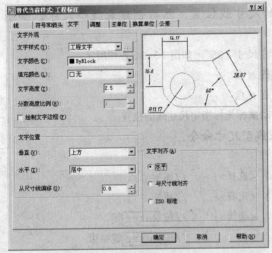

图13-13　【替代当前样式】对话框

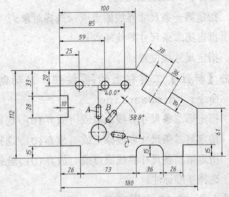

图13-14　标注角度尺寸

23. 利用当前尺寸样式的覆盖方式标注直径和半径尺寸，如图 13-15 所示。单击【标注】工具栏上的 按钮，启动标注直径命令。

命令：_dimdiameter

选择圆弧或圆：　　　　　　　　　　　　　　　//选择圆 D

指定尺寸线位置或 [多行文字(M)/文字(T)/角度(A)]:　t　//使用"文字(T)"选项

输入标注文字 <10>: 3-%%C10　　　　　　　　//输入标注文字

指定尺寸线位置或 [多行文字(M)/文字(T)/角度(A)]://移动鼠标指针指定标注文字的位置

单击【标注】工具栏上的 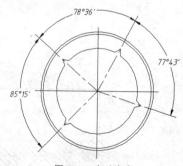 按钮，启动半径标注命令。

  命令: _dimradius

  选择圆弧或圆: //选择圆弧 E

  指定尺寸线位置或 [多行文字(M)/文字(T)/角度(A)]://移动鼠标指针指定标注文字的位置

继续标注直径尺寸"$\phi10$"及半径尺寸"R3"，结果如图 13-15 所示。

24. 取消当前样式的覆盖方式，恢复原来的样式。单击 按钮，进入【标注样式管理器】对话框，在此对话框的列表框中选择"工程标注"，然后单击 置为当前(U) 按钮，此时系统打开一个提示性对话框，继续单击 确定 按钮完成。

25. 标注尺寸"32"、"24"、"12"、"20"，然后利用关键点编辑方式调整尺寸线的位置，结果如图 13-16 所示。

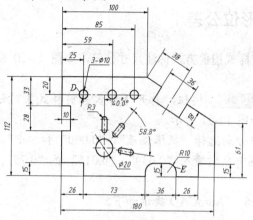

图13-15 创建直径和半径尺寸

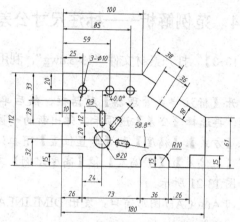

图13-16 利用关键点编辑方式调整尺寸线的位置

13.1.3 范例解析——利用角度尺寸样式簇标注角度

【练习13-2】 打开素材文件"13-2.dwg"，利用角度尺寸样式簇标注角度，如图 13-17 所示。样式簇是已有尺寸样式（父样式）的子样式，该子样式用于控制某种特定类型尺寸的外观。

1. 单击【标注】工具栏上的 按钮，打开【标注样式管理器】对话框，再单击 新建(N)... 按钮，打开【创建新标注样式】对话框，在【用于】下拉列表中选择【角度标注】选项，如图 13-18 所示。

2. 单击 继续 按钮，打开【新建标注样式】对话框，进入【文字】选项卡，在该选项卡【文字对齐】分组框中选中【水平】单选项，如图 13-19 所示。

3. 进入【主单位】选项卡，在【角度标注】分组框中设置【单位格式】为"度/分/秒"，【精度】为"0d00′"，单击 确定 按钮完成。

4. 返回 AutoCAD 主窗口，单击 按钮，创建角度尺寸"85° 15′"，然后单击 按钮创建连续标注，结果如图 13-17 所示。所有这些角度尺寸的外观由样式簇控制。

图13-17 标注角度

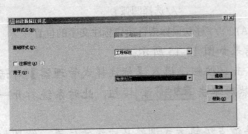

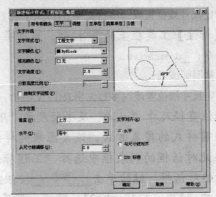

图13-18 【创建新标注样式】对话框   图13-19 【新建标注样式】对话框

13.1.4 范例解析——标注尺寸公差及形位公差

【练习13-3】 打开素材文件"13-3.dwg",利用当前样式覆盖方式标注尺寸公差,如图 13-20 所示。

1. 打开【标注样式管理器】对话框,然后单击 替代(O)... 按钮,打开【替代当前样式】对话框,再选择【公差】选项卡,弹出新的一页,如图 13-21 所示。

2. 在【方式】、【精度】和【垂直位置】下拉列表中分别选择"极限偏差"、"0.000"和"中",在【上偏差】、【下偏差】和【高度比例】文本框中分别输入"0.039"、"0.015"和"0.75",如图 13-21 所示。

3. 返回 AutoCAD 图形窗口,发出 DIMLINEAR 命令,AutoCAD 提示如下。

```
命令: _dimlinear
指定第一条尺寸界线原点或 <选择对象>:        //捕捉交点 A,如图 13-20 所示
指定第二条尺寸界线原点:                      //捕捉交点 B
指定尺寸线位置或[多行文字(M)/文字(T)/角度(A)/水平(H)/垂直(V)/旋转(R)]:
                                            //移动鼠标指针指定标注文字的位置
```

结果如图 13-20 所示。

图13-20 创建尺寸公差   图13-21 【替代当前样式】对话框

【练习13-4】 打开素材文件"13-4.dwg",用 QLEADER 命令标注形位公差,如图 13-22 所示。

1. 输入 QLEADER 命令,AutoCAD 提示"指定第一个引线点或[设置(S)]<设置>: ",直接按 Enter 键,打开【引线设置】对话框,在【注释类型】选项卡中选择【公差】选项,如图 13-23 所示。

2. 单击 确定 按钮，AutoCAD 提示如下。

  指定第一个引线点或 [设置(S)]<设置>：nea 到   //在轴线上捕捉点 A，如图 13-22 所示

  指定下一点：<正交 开>   //打开正交并在 B 点处单击一点

  指定下一点：   //在 C 点处单击一点

AutoCAD 打开【形位公差】对话框，在此对话框中输入公差值，如图 13-24 所示。

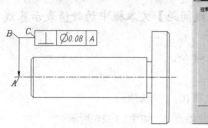

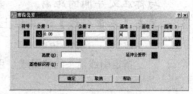

图13-22   标注形位公差   图13-23 【引线设置】对话框   图13-24 【形位公差】对话框

3. 单击 确定 按钮，结果如图 13-22 所示。

13.1.5   范例解析——创建引线标注

  MLEADER 命令创建引线标注，它由箭头、引线、基线（引线与标注文字间的线）、多行文字或图块组成，如图 13-25 所示，其中箭头的形式、引线外观、文字属性及图块形状等由引线样式控制。

  选中引线标注对象，利用关键点移动基线，则引线、文字和图块跟随移动。若利用关键点移动箭头，则只有引线跟随移动，基线、文字和图块不动。

【练习13-5】   打开素材文件"13-5.dwg"，用 MLEADER 命令创建引线标注，如图 13-26 所示。

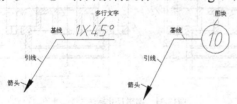
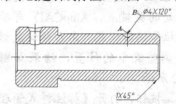

图13-25   引线标注   图13-26   创建引线标注

1. 单击【多重引线】工具栏上的 按钮，打开【多重引线样式管理器】对话框，如图 13-27 所示，利用该对话框可新建、修改、重命名或删除引线样式。

2. 单击 修改(M)... 按钮，打开【修改多重引线样式】对话框，如图 13-28 所示。在该对话框中完成以下设置。

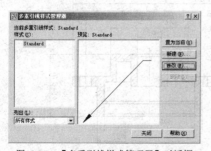
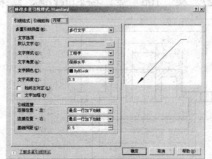

图13-27 【多重引线样式管理器】对话框   图13-28 【修改多重引线样式】对话框

(1) 【引线格式】选项卡中的参数设置如图 13-29 所示。

(2) 【引线结构】选项卡中的参数设置如图 13-30 所示。文本框中的数值表示基线的长度。

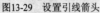

图13-29　设置引线箭头

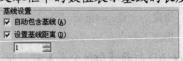

图13-30　设置基线长度

(3) 【内容】选项卡中的参数设置如图 13-28 所示。其中【基线间距】文本框中的数值表示基线与标注文字间的距离。

3. 单击【多重引线】工具栏上的 按钮，启动创建引线标注命令。

　　命令：_mleader

　　指定引线箭头的位置或 [引线基线优先(L)/内容优先(C)/选项(O)] <选项>:

　　　　　　　　　　　　　　　　　//指定引线起始点 A，如图 13-26 所示

　　指定引线基线的位置：　　　　　　//指定引线下一个点 B

　　//启动多行文字编辑器，然后输入标注文字"φ×120°"

4. 重复命令，创建另一个引线标注，结果如图 13-26 所示。

13.1.6　范例解析——编辑尺寸标注

【练习13-6】　打开素材文件"13-6.dwg"，如图 13-31 左图所示。修改标注文字内容及调整标注位置等，结果如图 13-31 右图所示。

1. 用 DDEDIT 命令将尺寸"40"修改为"40±0.10"。

2. 选择尺寸"40±0.10"，并激活文本所在处的关键点，AutoCAD 自动进入拉伸编辑模式。向右移动鼠标指针调整文本的位置，结果如图 13-32 所示。

3. 单击 按钮，打开【标注样式管理器】对话框，再单击 替代(O)... 按钮，打开【替代当前样式】对话框，进入【主单位】选项卡，在【前缀】文本框中输入直径代号"%%C"。

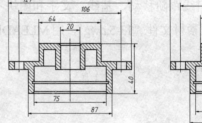
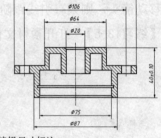

图13-31　编辑尺寸标注

4. 更新尺寸标注。单击【标注】工具栏上的 按钮，AutoCAD 提示"选择对象:"，选择尺寸"127"及"106"等。按 Enter 键，结果如图 13-33 所示。

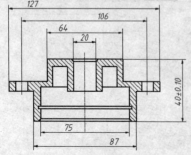

图13-32　修改标注文字内容

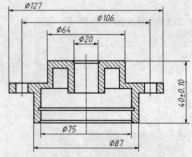

图13-33　更新尺寸标注

5. 调整平行尺寸线间的距离，如图 13-34 所示。单击【标注】工具栏上的 █ 按钮，启动 DIMSPACE 命令。

命令: _DIMSPACE

选择基准标注: //选择 "φ20"

选择要产生间距的标注:找到 1 个   //选择 "φ64"

选择要产生间距的标注:找到 1 个，总计 2 个 //选择 "φ106"

选择要产生间距的标注:找到 1 个，总计 3 个 //选择 "φ127"

选择要产生间距的标注: //按 Enter 键

输入值或 [自动(A)] <自动>: 12   //输入间距值并按 Enter 键

结果如图 13-34 所示。

6. 用 PROPERTIES 命令将所有标注文字的高度改为 3.5，然后利用关键点编辑方式调整其他标注文字的位置，结果如图 13-35 所示。

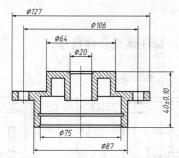

图13-34 调整平行尺寸线间的距离

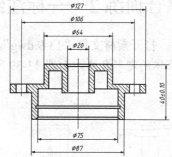

图13-35 修改标注文字的高度

13.2 综合训练 1——标注平面图形

【练习13-7】 打开素材文件 "13-7.dwg"，标注该图形，结果如图 13-36 所示。

1. 建立一个名为 "标注层" 的图层，设置图层颜色为绿色，线型为 Continuous，并使其成为当前层。

2. 创建新文字样式，样式名为 "标注文字"。与该样式相连的字体文件是 "gbeitc.shx" 和 "gbcbig.shx"。

3. 创建一个尺寸样式，名称为 "国标标注"，对该样式作以下设置。

(1) 标注文本连接 "标注文字"，文字高度等于 2.5，精度为 0.0，小数点格式是 "句点"。

(2) 标注文本与尺寸线间的距离是 0.8。

(3) 箭头大小为 2。

(4) 尺寸界线超出尺寸线长度等于 2。

(5) 尺寸线起始点与标注对象端点间的距离为 0。

(6) 标注基线尺寸时，平行尺寸线间的距离为 6。

(7) 标注总体比例因子为 2。

(8) 使 "国标标注" 成为当前样式。

4. 打开对象捕捉，设置捕捉类型为端点和交点。标注尺寸，结果如图 13-36 所示。

【练习13-8】 打开素材文件 "13-8.dwg"，标注该图形，结果如图 13-37 所示。

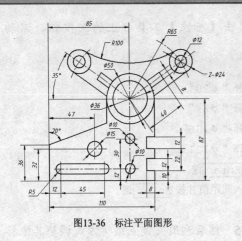

图13-36　标注平面图形

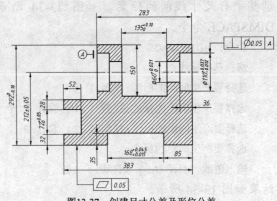

图13-37　创建尺寸公差及形位公差

13.3　综合训练 2——标注组合体尺寸

【练习13-9】　打开素材文件"13-9.dwg"，如图 13-38 所示。标注该组合体尺寸。

1. 标注圆柱体的定形尺寸，如图 13-39 所示。

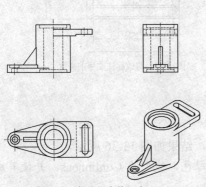

图13-38　标注组合体尺寸（1）

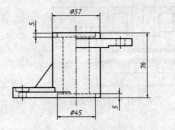

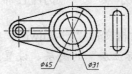

图13-39　创建圆柱体定形尺寸

2. 标注底板的定形尺寸及其上孔的定位尺寸，如图 13-40 所示。

3. 标注三角形肋板及右顶板的定形及定位尺寸，如图 13-41 所示。

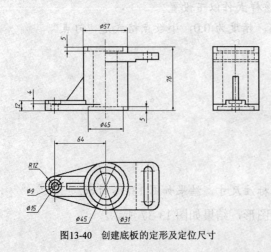

图13-40　创建底板的定形及定位尺寸

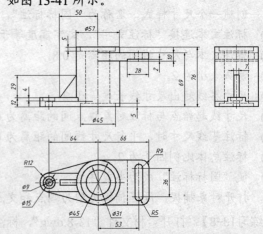

图13-41　创建肋板及右顶板定形及定位尺寸

【练习13-10】 打开素材文件"13-10.dwg",如图 13-42 所示。标注该组合体尺寸。

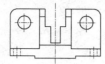

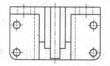

图13-42　标注组合体尺寸（2）

13.4　综合训练3——插入图框、标注零件尺寸及表面粗糙度

【练习13-11】 打开素材文件"13-11.dwg",标注传动轴零件图,标注结果如图 13-43 所示。零件图图幅选用 A3 幅面,绘图比例 2:1,标注字高 2.5,字体"gbeitc.shx",标注总体比例因子为 0.5。

1.　打开包含标准图框及表面粗糙度符号的图形文件"A3.dwg",如图 13-44 所示。在图形窗口中单击鼠标右键,弹出快捷菜单,选择【带基点复制】选项,然后指定 A3 图框的右下角为基点,再选择该图框及表面粗糙度符号。

2.　切换到当前零件图,在图形窗口中单击鼠标右键,弹出快捷菜单,选择【粘贴】选项,把 A3 图框复制到当前图形中,如图 13-45 所示。

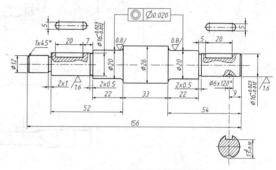

图13-43　标注传动轴零件图

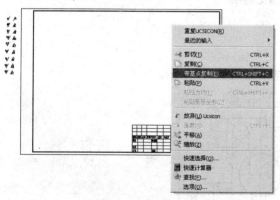

图13-44　带基点复制

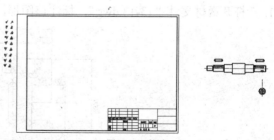

图13-45　粘贴

3.　用 SCALE 命令把 A3 图框和表面粗糙度符号缩小 50%。

4.　创建新文字样式,样式名为"标注文字"。与该样式相连的字体文件是"gbeitc.shx"和"gbcbig.shx"。

5.　创建一个尺寸样式,名称为"国标标注",对该样式作以下设置。

(1) 标注文本连接"标注文字"，文字高度为 2.5，精度为 0.0，小数点格式是"句点"。

(2) 标注文本与尺寸线间的距离是 0.8。

(3) 箭头大小为 2。

(4) 尺寸界线超出尺寸线长度为 2。

(5) 尺寸线起始点与标注对象端点间的距离为 0。

(6) 标注基线尺寸时，平行尺寸线间的距离为 6。

(7) 使用全局比例因子为 0.5（绘图比例的倒数）。

(8) 使"国标标注"成为当前样式。

6. 用 MOVE 命令将视图放入图框内，创建尺寸，再用 COPY 及 ROTATE 命令标注表面粗糙度，结果如图 13-43 所示。

【练习13-12】　打开素材文件"13-12.dwg"，标注拨叉零件图，标注结果如图 13-46 所示。零件图图幅选用 A3 幅面，绘图比例为 2:1，标注字高为 3.5，字体"gbeitc.shx"，标注总体比例因子为 0.5。

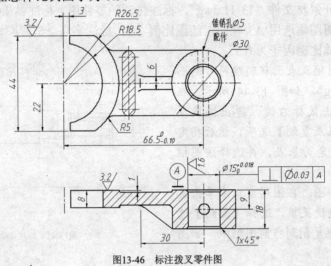

图13-46　标注拨叉零件图

13.5　课后作业

1. 打开素材文件"13-13.dwg"，标注该图形，结果如图 13-47 所示。

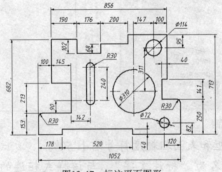

图13-47　标注平面图形

2. 打开素材文件"13-14.dwg"，标注法兰盘零件图，结果如图 13-48 所示。零件图图幅选用 A3 幅面，绘图比例为 1:1.5，标注字高为 3.5，字体"gbeitc.shx"，标注总体比例因子为 1.5。

3. 打开素材文件 "13-15.dwg"，标注底座零件图，标注结果如图 13-49 所示。零件图图幅选用 A3 幅面，绘图比例为 1:2，标注字高为 3.5，字体 "gbeitc.shx"，标注总体比例因子为 2。

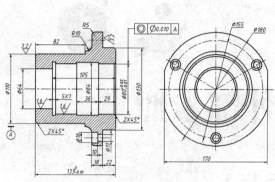

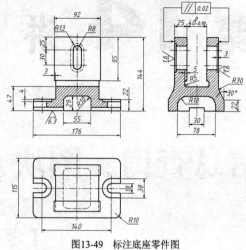

图13-48　标注法兰盘零件图　　　　图13-49　标注底座零件图

第 **14** 讲

信息查询、图块及外部参照

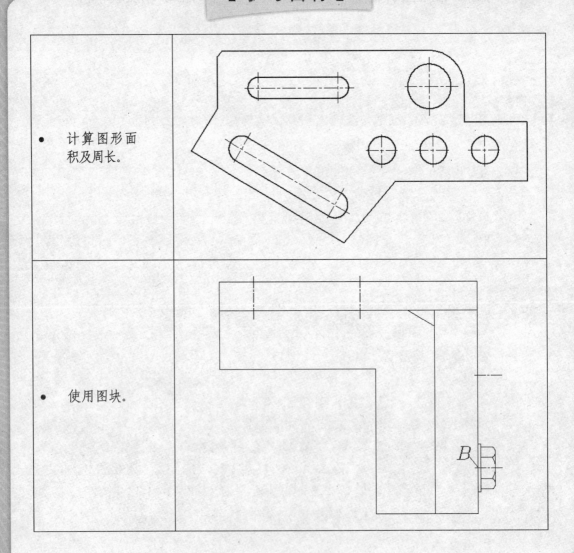

- 计算图形面积及周长。

- 使用图块。

14.1 获取图形几何信息

本节介绍获取图形几何信息的方法。

14.1.1 知识点讲解

一、 获取点的坐标

ID 命令用于查询图形对象上某点的绝对坐标，坐标值以"x,y,z"形式显示出来。对于二维图形，z 坐标值为零。

二、 测量距离

DIST 命令可测量图形对象上两点之间的距离，同时，还能计算出与两点连线相关的某些角度。

三、 计算图形面积及周长

AREA 命令可以计算出圆、面域、多边形或是一个指定区域的面积及周长，还可以进行面积的加、减运算等。

四、 列出对象的图形信息

LIST 命令将列表显示对象的图形信息，这些信息随对象类型不同而不同，一般包括以下内容。

- 对象类型、图层及颜色等。
- 对象的一些几何特性，如线段的长度、端点坐标、圆心位置、半径大小、圆的面积及周长等。

14.1.2 范例解析——计算图形面积及周长

【练习14-1】 打开素材文件"14-1.dwg"，用 AREA 命令查询图形面积及周长。

```
命令: _area
指定第一个角点或 [对象(O)/加(A)/减(S)]: a    //进入"加"模式
指定第一个角点或 [对象(O)/减(S)]:             //捕捉交点 A，如图 14-1 所示
指定下一个角点或按 ENTER 键全选（"加"模式）://捕捉交点 B
指定下一个角点或按 ENTER 键全选（"加"模式）://捕捉交点 C
指定下一个角点或按 ENTER 键全选（"加"模式）://捕捉交点 D
指定下一个角点或按 ENTER 键全选（"加"模式）://捕捉交点 E
指定下一个角点或按 ENTER 键全选（"加"模式）://捕捉交点 F
指定下一个角点或按 ENTER 键全选（"加"模式）://按 Enter 键
面积 = 38870.7741，周长 = 847.8208
总面积 = 38870.7741
指定第一个角点或 [对象(O)/减(S)]: s //进入"减"模式
指定第一个角点或 [对象(O)/加(A)]:            //捕捉交点 G
指定下一个角点或按 ENTER 键全选（"减"模式）://捕捉交点 H
指定下一个角点或按 ENTER 键全选（"减"模式）://捕捉交点 I
指定下一个角点或按 ENTER 键全选（"减"模式）://捕捉交点 J
```

指定下一个角点或按 ENTER 键全选（"减"模式）：　　　//按 Enter 键结束

面积 = 2150.0381，周长 = 228.8799

总面积 = 36720.7359

指定第一个角点或 [对象(O)/加(A)]：　　　//按 Enter 键结束

【练习14-2】　打开素材文件"14-2.dwg"，如图14-2所示。试计算以下内容。

(1) 图形外轮廓线的周长。

(2) 线框 A 的周长及围成的面积。

(3) 3个圆弧槽的总面积。

(4) 去除圆弧槽及内部异形孔后的图形总面积。

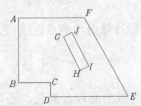

图14-1　计算图形面积及周长

图14-2　计算面积及周长

1. 用 REGION 命令将图形外轮廓线围成的区域创建成面域，然后用 LIST 命令获取外轮廓线框的周长，数值为 758.56。

2. 把线框 A 围成的区域创建成面域，再用 LIST 命令查询该面域的周长和面积，数值分别为 292.91 和 3421.76。

3. 将3个圆弧槽创建成面域，然后利用 AREA 命令的"加(A)"选项计算3个槽的总面积，数值为 4108.50。

4. 用外轮廓线面域"减去"3个圆弧槽面域及内部异形孔面域，再用 LIST 命令查询图形总面积，数值为 17934.85。

14.1.3　课堂练习

【练习14-3】　打开素材文件"14-3.dwg"，如图 14-3 所示。试计算图形的面积及外轮廓线的周长。

【练习14-4】　打开素材文件"14-4.dwg"，如图 14-4 所示，该图是带传动图简图，试计算带长及两个大带轮的中心距。

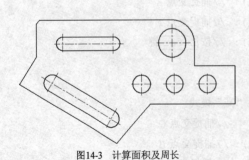

图14-3　计算面积及周长

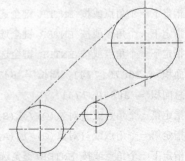

图14-4　计算带长及带轮中心距

14.2 图块及属性

本节介绍创建图块及属性的方法。

14.2.1 知识点讲解

一、图块

在机械工程中有大量反复使用的标准件，如轴承、螺栓、螺钉等。由于某种类型的标准件其结构形状是相同的，只是尺寸、规格有所不同，因而作图时，常事先将它们生成图块。这样，当用到标准件时只需插入已定义的图块即可。

用 BLOCK 命令可以将图形的一部分或整个图形创建成图块，用户可以给图块起名，并可定义插入基点。

二、块属性

在 AutoCAD 中，可以使块附带属性。属性类似于商品的标签，包含了图块所不能表达的一些文字信息，如材料、型号及制造者等，存储在属性中的信息一般称为属性值。当用 BLOCK 命令创建块时，将已定义的属性与图形一起生成块，这样块中就包含属性了。当然，用户也能只将属性本身创建成一个块。

属性有助于用户快速产生关于设计项目的信息报表，或者作为一些符号块的可变文字对象。其次，属性也常用来预定义文本位置、内容或提供文本默认值等，例如把标题栏中的一些文字项目定制成属性对象，即能方便地填写或修改。

14.2.2 范例解析——创建及插入标准件块

【练习14-5】 创建及插入图块。

1. 打开素材文件"14-5.dwg"，如图 14-5 所示。
2. 单击【绘图】工具栏上的 ⊡ 按钮，或输入 BLOCK 命令，AutoCAD 打开【块定义】对话框，在【名称】文本框中输入块名"螺栓"，如图 14-6 所示。

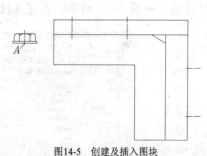

图14-5 创建及插入图块

图14-6 【块定义】对话框

3. 选择构成块的图形元素。单击 ⊡ 按钮（选择对象），AutoCAD 返回绘图窗口，并提示"选择对象"，选择"螺栓头及垫圈"，如图 14-5 所示。
4. 指定块的插入基点。单击 ⊡ 按钮（拾取点），AutoCAD 返回绘图窗口，并提示"指定插入基点"，拾取 A 点，如图 14-5 所示。
5. 单击 确定 按钮，AutoCAD 生成图块。

6. 插入图块。单击【绘图】工具栏上的  按钮，或输入 INSERT 命令，AutoCAD 打开【插入】对话框，在【名称】下拉列表中选择"螺栓"，并在【插入点】、【比例】及【旋转】分组框中勾选【在屏幕上指定】复选项，如图 14-7 所示。

7. 单击 ▭确定▭ 按钮，AutoCAD 提示如下。

```
命令: _insert
指定插入点或 [基点(B)/比例(S)/X/Y/Z/旋转(R)]: int 于
                                    //指定插入点 B，如图 14-8 所示
输入 X 比例因子，指定对角点，或 [角点(C)/XYZ(XYZ)] <1>: 1
                                    //输入 x 方向缩放比例因子
输入 Y 比例因子或 <使用 X 比例因子>: 1    //输入 y 方向缩放比例因子
指定旋转角度 <0>: -90                //输入图块的旋转角度
```

结果如图 14-8 所示。

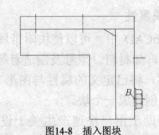

图14-7　【插入】对话框　　　　　　　　　　　　　　图14-8　插入图块

要点提示 可以指定 x、y 方向的负缩放比例因子，此时插入的图块将作镜像变换。

8. 请读者插入其余图块。

14.2.3　范例解析——创建及使用块属性

【练习14-6】　定义属性及使用属性。

1. 打开素材文件"14-6.dwg"。

2. 输入 ATTDEF 命令，AutoCAD 打开【属性定义】对话框，如图 14-9 所示。在【属性】区域中输入下列内容。

　　【标记】:　　　　姓名及号码
　　【提示】:　　　　请输入您的姓名及电话号码
　　【默认】:　　　　李燕　2660732

3. 在【文字样式】下拉列表中选择"样式-1"，在【文字高度】框中输入数值"3"。单击 ▭确定▭ 按钮，AutoCAD 提示"指定起点:"，在电话机的下边拾取 A 点，结果如图 14-10 所示。

图14-9　【属性定义】对话框

4. 将属性与图形一起创建成图块。单击【绘图】工具栏上的 按钮，AutoCAD 打开【块定义】对话框，如图 14-11 所示。

5. 在【名称】栏中输入新建图块的名称"电话机"，在【对象】分组框中选择【保留】单选项，如图 14-11 所示。

图14-10 定义属性

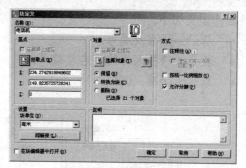

图14-11 【块定义】对话框

6. 单击 ⊞ 按钮（选择对象），AutoCAD 返回绘图窗口，并提示"选择对象"，选择电话机及属性，如图 14-10 所示。

7. 指定块的插入基点。单击 ⊞ 按钮（拾取点），AutoCAD 返回绘图窗口，并提示"指定插入基点"，拾取点 B，如图 14-10 所示。

8. 单击 ■ 确定 ■ 按钮，AutoCAD 生成图块。

9. 插入带属性的块。单击【绘图】工具栏上的 ⊡ 按钮，AutoCAD 打开【插入】对话框，在【名称】下拉列表中选择"电话机"，如图 14-12 所示。

10. 单击 ■ 确定 ■ 按钮，AutoCAD 提示如下。

    指定插入点或 [基点(B)/比例(S)/X/Y/Z/旋转(R)]：   //在屏幕的适当位置指定插入点

    请输入您的姓名及电话号码 <李燕 2660732>：张涛 5895926   //输入属性值

结果如图 14-13 所示。

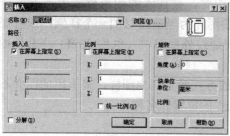

图14-12 【插入】对话框

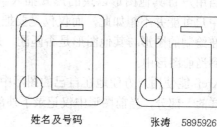

姓名及号码   张涛 5895926

图14-13 插入带属性的图块

14.2.4 课堂练习

【练习14-7】 打开素材文件"14-7.dwg"，按矩形阵列方式插入图块 A，然后采用图形 B 重定义此图块，如图 14-14 所示。

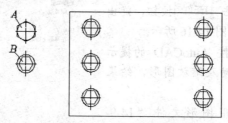

图14-14 重定义图块

【练习14-8】 打开素材文件"14-7.dwg"，如图 14-15 所示。将"计算机"与属性一起创建成图块，然后在图样中插入新生成的图块，并输入属性值。

属性定义如下。

- 标记：姓名及编号。
- 提示：请输入你的姓名及编号。
- 默认：李燕　0001。

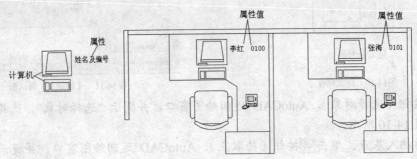

图14-15　使用图块及属性

14.3　外部参照

本节介绍引用外部图形的方法。

14.3.1　知识点讲解

当用户将其他图形以块的形式插入当前图样中时，被插入的图形就成为当前图样的一部分。用户可能并不想如此，而仅仅是要把另一个图形作为当前图形的一个样例，或者想观察一下正在绘制的图形与其他图形是否匹配，此时就可通过外部引用（也称 Xref）将其他图形文件放置到当前图形中。

Xref 能使用户方便地在自己的图形中以引用的方式看到其他图样，被引用的图并不成为当前图样的一部分，当前图形中仅记录了外部引用文件的位置和名称。

14.3.2　范例解析——引用外部图形

【练习14-9】　引用及重新加载外部图形。

1. 创建一个新的图形文件。
2. 单击【参照】工具栏上的██按钮，打开【选择参照文件】对话框。通过此对话框选择素材文件 "14-9-A.dwg"，再单击 打开(O) 按钮，弹出【外部参照】对话框，如图 14-16 所示。
3. 单击 ██ 确定 ██ 按钮，再按 AutoCAD 的提示指定文件的插入点。移动及缩放图形，结果如图 14-17 所示。
4. 用上述相同的方法引用图形文件 "14-9-B.dwg"，再用 MOVE 命令把两个图形组合在一起，结果如图 14-18 所示。

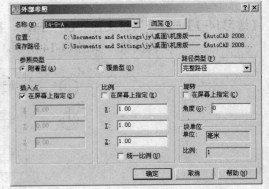

图14-16　【外部参照】对话框（1）

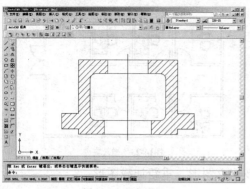

图14-17　插入图形

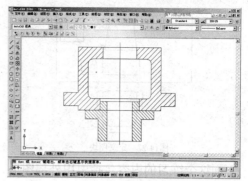

图14-18　插入并组合图形

5. 打开素材文件"14-9-A.dwg"，用 STRETCH 命令将零件下部配合孔的直径尺寸增加 4，保存图形。

6. 切换到新图形文件。单击【参照】工具栏上的 按钮，打开【外部参照】对话框，如图 14-19 所示。在该对话框的文件列表框中选中"14-9-A.dwg"文件，单击鼠标右键，选取【重载】以加载外部图形。

7. 重新加载外部图形后，结果如图 14-20 所示。

图14-19　【外部参照】对话框（2）

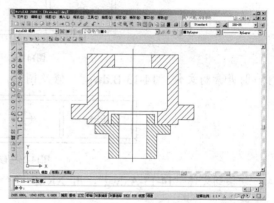

图14-20　重新加载图形

14.4　课后作业

1. 打开素材文件"14-10.dwg"，如图 14-21 所示。试计算图形面积及外轮廓线周长。

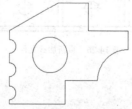

图14-21　计算图形面积及外轮廓线周长

2. 下面这个练习的内容包括创建块、插入块、外部引用。

(1) 打开素材文件"14-11.dwg"，如图 14-22 所示。将图形定义为图块，块名为"Block"，插入点在 A 点。

(2) 在当前文件中引用外部文件"14-12.dwg"，然后插入"Block"块，结果如图 14-23 所示。

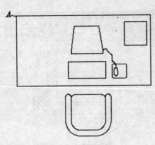
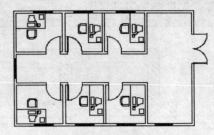

图14-22　定义图块　　　　　　　　　　　　图14-23　插入块

3.　下面这个练习的内容包括引用外部图形、修改及保存图形、重新加载图形。

(1)　打开素材文件"14-13-A.dwg"。

(2)　用 XATTACH 命令引用文件"14-13-B.dwg"，再用 MOVE 命令移动图形，使两个图形"装配"在一起，如图 14-24 所示。

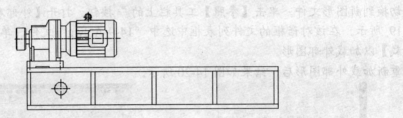

图14-24　引用外部图形

(3)　打开素材文件"14-13-B.dwg"，修改图形，再保存图形，如图 14-25 所示。

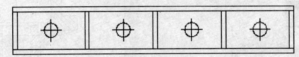

图14-25　修改并保存图形

(4)　切换到文件"14-13-A.dwg"，用 XREF 命令重新加载文件"14-13-B.dwg"，结果如图 14-26 所示。

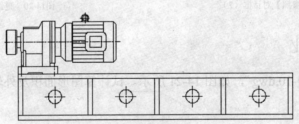

图14-26　重新加载文件

第 **15** 讲

轴套类零件

【学习目标】

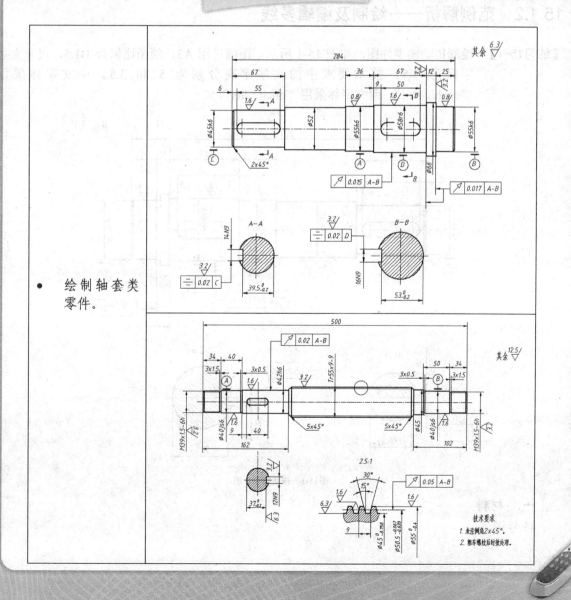

- 绘制轴套类零件。

15.1　绘制轴套类零件

本节介绍绘制轴套类零件的方法及技巧。

15.1.1　知识点讲解

轴类零件主要用于支承齿轮、带轮等转动零件及传递扭矩，可分为光轴、阶梯轴、空心轴等。套类零件主要用于支承及保护转动零件。

轴套类零件一般由共轴线的回转体组成，常带有螺纹、键槽、退刀槽、挡圈槽及中心孔等结构。

轴套类零件的表达方案如下。

(1)　轴套类零件主要在车床上加工，一般应按加工位置将轴线水平放置来确定主视图。

(2)　轴套类零件的其他结构形状，如键槽、光孔、螺纹孔和退刀槽等可采用局部剖视图、断面图、局部视图和局部放大图等表达。

15.1.2　范例解析——绘制及编辑多线

【练习15-1】　绘制传动轴零件图，如图 15-1 所示。图幅选用 A3，绘图比例为 1:1.5，尺寸文字字高为 3.5，技术要求中的文字字高分别为 5 和 3.5。中文字体采用"gbcbig.shx"，西文字体采用"gbeitc.shx"。

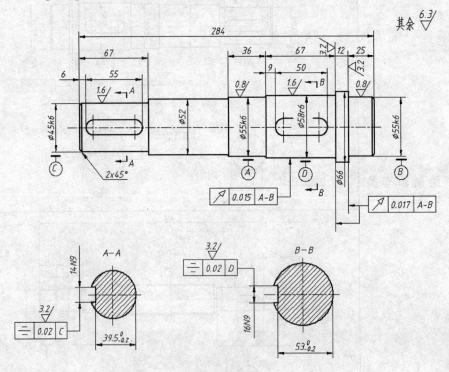

图15-1　传动轴零件图

一、材料

45 号钢。

二、 技术要求

(1) 调质处理 190～230HB。

(2) 未注圆角半径为 R1.5。

(3) 线性尺寸未注公差按 GB1804-m。

三、 形位公差

图中形位公差的说明如表 15-1 所示。

表 15-1   形位公差的说明

形位公差	说明
↗ 0.015 A-B	圆柱面对公共基准轴线的径向跳动公差为 0.015
↗ 0.017 A-B	轴肩对公共基准轴线的端面跳动公差为 0.017
= 0.02 D	键槽对称面对基准轴线的对称度公差为 0.02

四、 操作步骤

1. 创建以下图层。

名称	颜色	线型	线宽
轮廓线层	白色	Continuous	0.50
中心线层	红色	CENTER	默认
剖面线层	绿色	Continuous	默认
文字层	绿色	Continuous	默认
尺寸标注层	绿色	Continuous	默认

2. 设定绘图区域的大小为 200×200。单击【标准】工具栏上的 ⊕ 按钮，使绘图区域充满整个图形窗口显示出来。

3. 通过【线型控制】下拉列表打开【线型管理器】对话框，在此对话框中设定线型的全局比例因子为 "0.3"。

4. 打开极轴追踪、对象捕捉及捕捉追踪功能。设置极轴追踪角度增量为 90°，设定对象捕捉方式为 "端点"、"交点"。

5. 切换到轮廓线层。绘制零件的轴线 A 及左端面线 B，结果如图 15-2 所示。线段 A 的长度约为 350，线段 B 的长度约为 100。

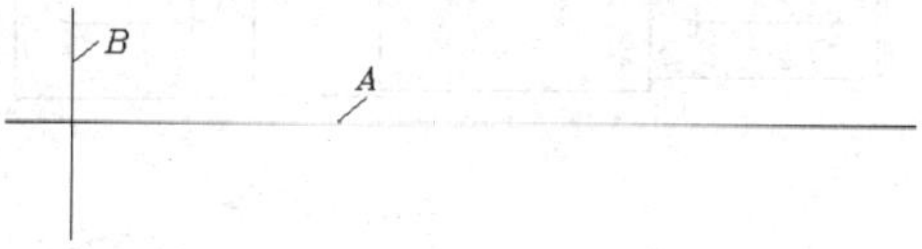

图15-2 绘制零件的轴线及左端面线

6. 用 OFFSET 命令绘制平行线 C、D 等，如图 15-3 左图所示。修剪多余线条，结果如图 15-3 右图所示。

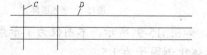

图15-3 绘制平行线并修剪多余线条

7. 用 OFFSET 及 TRIM 命令绘制图形 E，结果如图 15-4 所示。

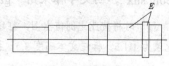

图15-4 绘制图形 E

8. 绘制圆的定位线、圆及切线，如图 15-5 左图所示。修剪多余线条，结果如图 15-5 右图所示。

图15-5　绘制圆及切线等

9. 绘制圆的定位线、圆及平行线等，如图 15-6 左图所示。修剪多余线条，结果如图 15-6 右图所示。

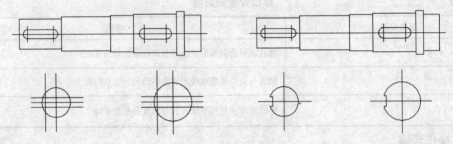

图15-6　绘制圆及平行线等

10. 主要完成以下绘图任务。

(1) 倒圆角及倒角。

(2) 填充剖面图案。

(3) 用 LENGTHEN 命令调整定位线的长度。

(4) 将轴线、定位线等修改到中心线层上。

　　结果如图 15-7 所示。

11. 打开素材文件 "A3.dwg"，该文件包含 A3 幅面的图框、表面粗糙度符号及基准代号。利用 Windows 的复制/粘贴功能将图框及标注符号复制到零件图中。用 SCALE 命令缩放它们，缩放比例为 1.5。然后把零件图布置在图框中，如图 15-8 所示。

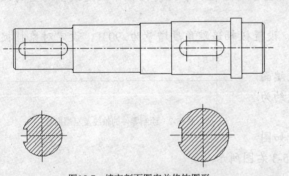

图15-7　填充剖面图案并修饰图形

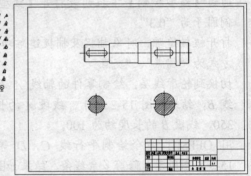

图15-8　插入图框

12. 切换到尺寸标注层，标注尺寸及表面粗糙度，如图 15-9 所示，本图仅为了示意工程图标注后的真实结果。尺寸文字字高为 3.5，标注总体比例因子为 1.5。

13. 切换到文字层，书写技术要求。"技术要求" 字高为 $5 \times 1.5 = 7.5$，其余文字字高为 $3.5 \times 1.5 = 5.25$。中文字体采用 "gbcbig.shx"，西文字体采用 "gbeitc.shx"。

要点提示　此零件图的绘图比例为 1:1.5，打印时将按此比例值出图。打印的真实效果为图纸幅面 A3，图纸上线条的长度与零件真实长度的比值为 1:1.5，标注文本高度 3.5，技术要求中文字字高为 5 和 3.5。

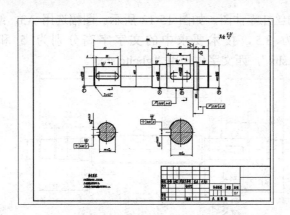

图15-9　标注尺寸及书写技术要求

15.1.3　课堂练习

【练习15-2】　绘制定位套零件图，如图 15-10 所示。图幅选用 A3，绘图比例为 1:2，尺寸文字字高为 3.5，技术要求中的文字字高分别为 5 和 3.5。中文字体采用"gbcbig.shx"，西文字体采用"gbeitc.shx"。

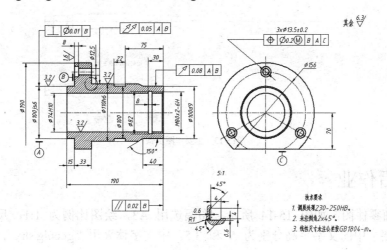

图15-10　传动丝杠零件图

主要作图步骤如图 15-11 所示。

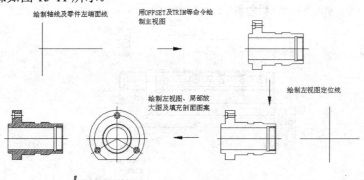

图15-11　主要作图步骤

【练习15-3】 绘制传动丝杠零件图，如图 15-12 所示。图幅选用 A3，绘图比例为 1:2，尺寸文字字高为 3.5，技术要求中的文字字高分别为 5 和 3.5。中文字体采用"gbcbig.shx"，西文字体采用"gbeitc.shx"。

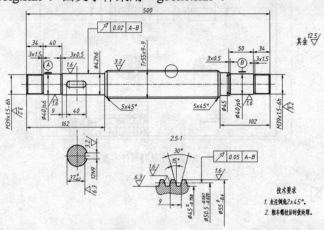

图15-12　传动丝杠零件图

主要作图步骤如图 15-13 所示。

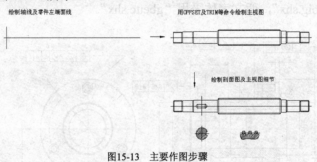

图15-13　主要作图步骤

15.2　课后作业

1. 绘制拉杆轴零件图，如图 15-14 所示。图幅选用 A3，绘图比例为 1:1，尺寸文字字高为 3.5，技术要求中的文字字高分别为 5 和 3.5。中文字体采用"gbcbig.shx"，西文字体采用"gbeitc.shx"。

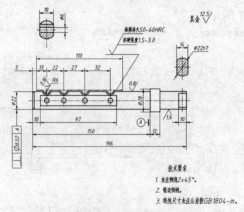

图15-14　拉杆轴零件图

2. 绘制锁紧套零件图，如图 15-15 所示。图幅选用 A3，绘图比例为 2:1，尺寸文字字高为 3.5，技术要求中的文字字高分别为 5 和 3.5。中文字体采用"gbcbig.shx"，西文字体采用 "gbeitc.shx"。

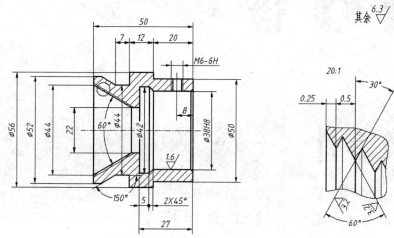

技术要求

1. 未注倒角1x45°。

2. 零件表面镀黑铬，镀层厚度大于5μm。

图15-15　锁紧套零件图

第 16 讲

盘盖类零件

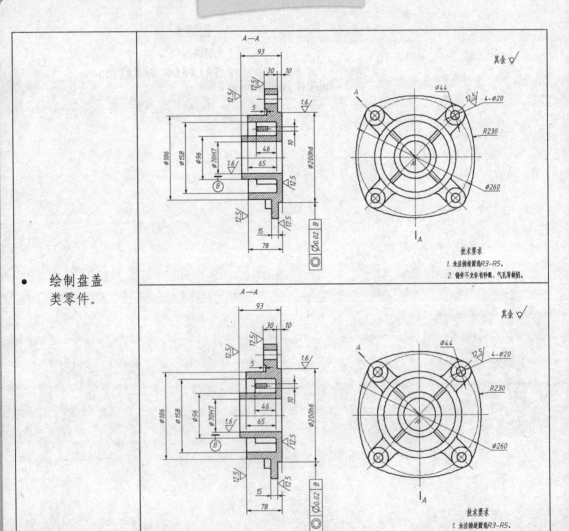

- 绘制盘盖类零件。

16.1 绘制盘盖类零件

本节介绍绘制盘盖类零件的方法及技巧。

16.1.1 知识点讲解

各种轮子、法兰盘、轴承盖及圆盘等都属于盘盖类零件，这类零件主要起压紧、密封、支承、连接、分度及防护等作用。它们的主要部分一般由回转体构成，常带有均匀分布的孔、销孔、肋板及凸台等结构。

盘盖类零件的表达方案如下。

(1) 此类零件的加工若以车削加工为主，则一般应按加工位置将轴线水平放置来确定主视图。否则，应按工作位置确定主视图。主视图通常采用全剖方式表达零件的内部结构，用其他视图表达外形。

(2) 对于零件的其他局部细节，如孔、筋及轮辐等可采用局部剖视图、断面图、局部视图和局部放大图等表达。

16.1.2 范例解析——绘制端盖零件图

【练习16-1】 绘制端盖零件图，如图 16-1 所示。图幅选用 A3，绘图比例为 1:2，尺寸文字字高为 3.5，技术要求中的文字字高分别为 5 和 3.5。中文字体采用 "gbcbig.shx"，西文字体采用 "gbeitc.shx"。

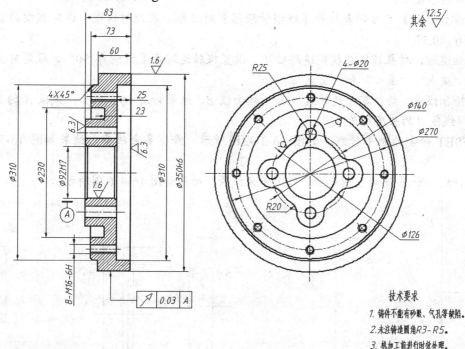

图16-1 端盖零件图

一、 材料

HT200。

二、 技术要求

(1) 未注铸造圆角为 $R3 \sim R5$。

(2) 铸件不能有气孔、砂眼及夹渣等缺陷。

(3) 机加工前进行时效处理。

三、 形位公差

形位公差的说明如表 16-1 所示。

表 16-1　　　　　　　　　　　　　　　　　　　形位公差

形位公差	说明
⊅ 0.03 A	圆柱面相对于基准轴线的径向跳动公差为 0.03

四、 操作步骤

1. 创建以下图层。

名称	颜色	线型	线宽
轮廓线层	白色	Continuous	0.50
中心线层	红色	CENTER	默认
剖面线层	绿色	Continuous	默认
文字层	绿色	Continuous	默认
尺寸标注层	绿色	Continuous	默认

2. 设定绘图区域的大小为 600×600。单击【标准】工具栏上的 ⊕ 按钮，使绘图区域充满整个图形窗口显示出来。

3. 通过【线型控制】下拉列表打开【线型管理器】对话框，在此对话框中设定线型的全局比例因子为 "0.5"。

4. 打开极轴追踪、对象捕捉及捕捉追踪功能。设置极轴追踪角度增量为 90°，设定对象捕捉方式为 "端点"、"圆心" 和 "交点"。

5. 切换到轮廓线层。绘制零件的轴线 A 及右端面线 B，结果如图 16-2 所示。线段 A 的长度约为 150，线段 B 的长度约为 420。

6. 用 OFFSET 命令绘制平行线，如图 16-3 左图所示。修剪多余线条，结果如图 16-3 右图所示。

7. 绘制平行线，如图 16-4 左图所示。修剪多余线条，结果如图 16-4 右图所示。

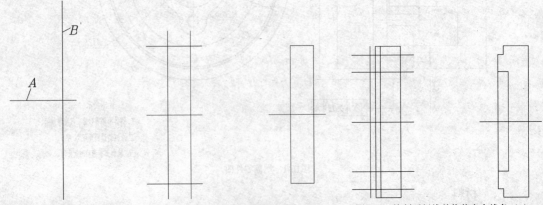

图16-2　绘制零件的轴线及右端面线　　　图16-3　绘制平行线并修剪多余线条（1）　　　图16-4　绘制平行线并修剪多余线条（2）

8. 绘制平行线，如图 16-5 左图所示。修剪多余线条，结果如图 16-5 右图所示。

9. 绘制水平投影线及圆，如图 16-6 所示。

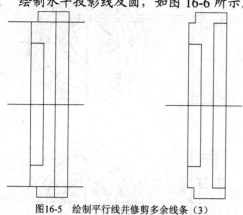

图16-5 绘制平行线并修剪多余线条（3）

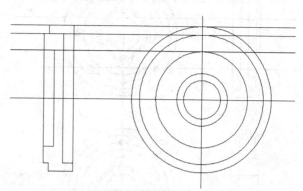

图16-6 绘制水平投影线及圆并修剪多余线条

10. 修剪及打断多余线条，结果如图 16-7 所示。

11. 绘制圆及倒圆角，结果如图 16-8 所示。

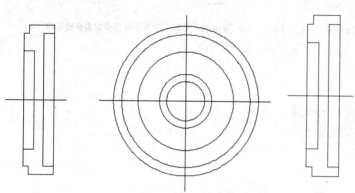

图16-7 修剪及打断多余线条

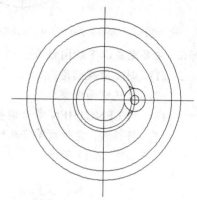

图16-8 绘制圆及倒圆角

12. 阵列对象，然后修剪多余线条，结果如图 16-9 所示。

13. 绘制螺纹孔，结果如图 16-10 所示。

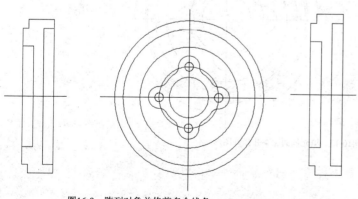

图16-9 阵列对象并修剪多余线条

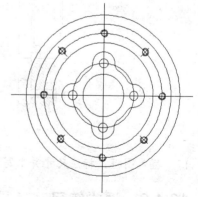

图16-10 绘制螺纹孔

14. 绘制水平投影线及平行线，如图 16-11 上图所示。修剪多余线条，结果如图 16-11 下图所示。

15. 绘制水平投影线，如图 16-12 上图所示。修剪及打断多余线条，然后镜像对象，结果如图 16-12 下图所示。

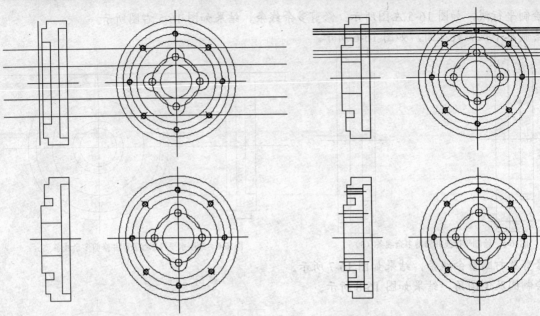

图16-11　绘制水平投影线及平行线并修剪多余线条　　　图16-12　绘制水平投影线并修剪多余线条等

16. 主要完成以下绘图任务。

    (1) 倒圆角及倒角。

    (2) 填充剖面图案。

    (3) 用 LENGTHEN 命令调整定位线的长度。

    (4) 将轴线、定位线等修改到中心线层上。

    结果如图 16-13 所示。

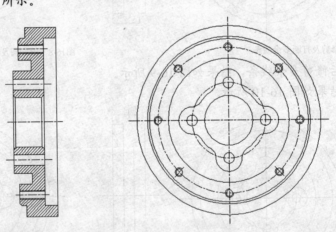

图16-13　填充剖面图案并修饰图形

17. 插入图框、标注尺寸并书写文字。

16.1.3　课堂练习

【练习16-2】　绘制密封压盖零件图，如图 16-14 所示。图幅选用 A3，绘图比例为 1:2，尺寸文字字高为 3.5，技术要求中的文字字高分别为 5 和 3.5。中文字体采用 "gbcbig.shx"，西文字体采用 "gbeitc.shx"。

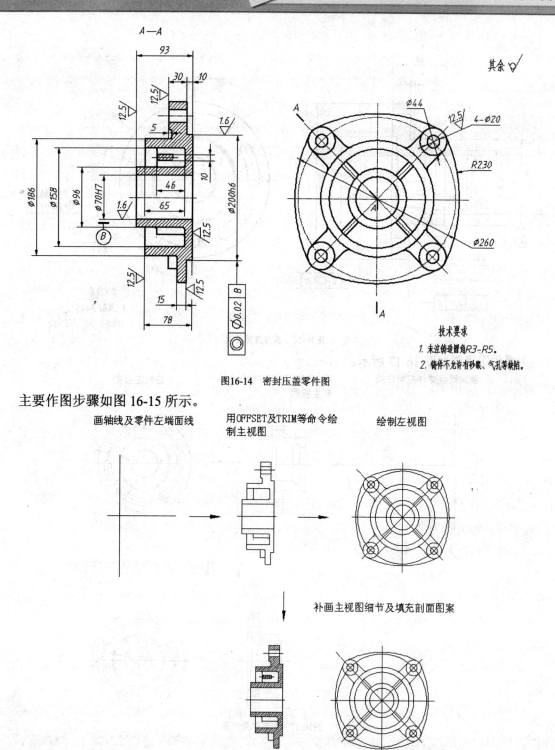

图16-14 密封压盖零件图

主要作图步骤如图 16-15 所示。

画轴线及零件左端面线　　　　用OFFSET及TRIM等命令绘　　　绘制左视图
　　　　　　　　　　　　　　制主视图

补画主视图细节及填充剖面图案

图16-15 主要作图步骤

【练习16-3】 绘制调节盘零件图，如图 16-16 所示。图幅选用 A3，绘图比例为 1:1.5，尺寸文字字高为 3.5，技术要求中的文字字高分别为 5 和 3.5。中文字体采用"gbcbig.shx"，西文字体采用"gbeitc.shx"。

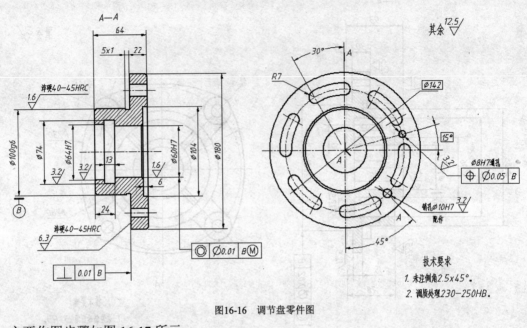

图16-16　调节盘零件图

主要作图步骤如图 16-17 所示。

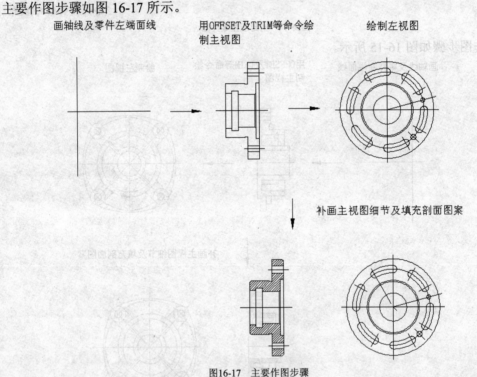

图16-17　主要作图步骤

16.2　课后作业

1. 绘制泵盖零件图，如图 16-18 所示。图幅选用 A3，绘图比例为 1:1，尺寸文字字高为 3.5，技术要求中的文字字高分别为 5 和 3.5。中文字体采用"gbcbig.shx"，西文字体采用"gbeitc.shx"。

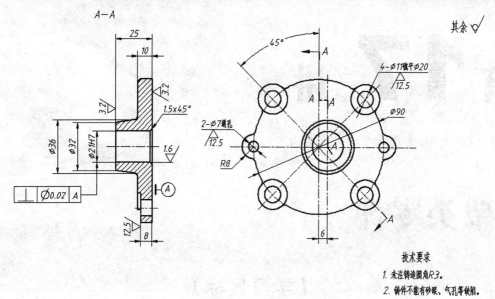

图16-18 泵盖零件图

2. 绘制传动箱盖零件图，如图 16-19 所示。图幅选用 A3，绘图比例为 1:2.5，尺寸文字字高为 3.5，技术要求中的文字字高分别为 5 和 3.5。中文字体采用"gbcbig.shx"，西文字体采用"gbeitc.shx"。

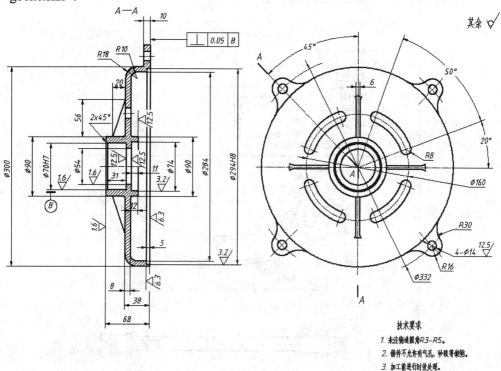

图16-19 传动箱盖零件图

第 **17** 讲

叉架类零件

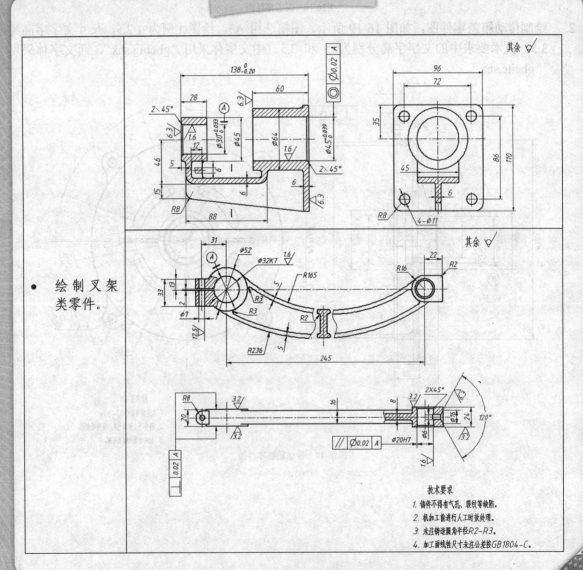

- 绘制叉架类零件。

技术要求
1. 铸件不得有气孔、裂纹等缺陷。
2. 机加工前进行人工时效处理。
3. 未注铸造圆角半径R2~R3。
4. 加工面线性尺寸未注公差按GB1804-C。

17.1　绘制叉架类零件

本节介绍绘制叉架类零件的方法及技巧。

17.1.1　知识点讲解

叉架类零件主要用于支承传动轴及其他零件，此类零件包括支架、拨叉、连杆及杠杆等，它们的结构一般比较复杂，常带有安装板、支承板、支承孔、肋板及加紧用螺孔等结构。

叉架类零件的表达方案如下。

(1)　由于叉架类零件的结构形状比较复杂，且加工工序多，因而确定主视图时，一般选择工作位置或最能反映零件结构形状的方向作为主视方向。

(2)　零件的主要外形常常需要两个或两个以上的基本视图来表达。对于局部细节，如螺栓孔、肋板等可采用局部剖视图、断面图和局部视图等表达。

17.1.2　范例解析——绘制托架零件图

【练习17-1】　绘制托架零件图，如图 17-1 所示。图幅选用 A3，绘图比例为 1:1，尺寸文字字高为 3.5，技术要求中的文字字高分别为 5 和 3.5。中文字体采用"gbcbig.shx"，西文字体采用"gbeitc.shx"。

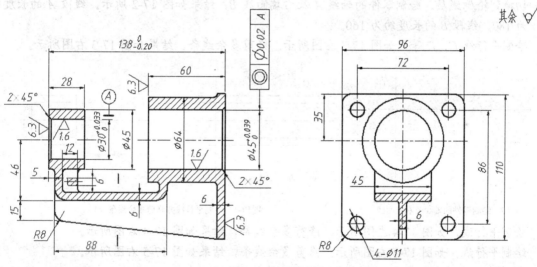

图17-1　托架零件图

一、材料

HT200。

二、技术要求

(1)　未注铸造圆角为 R2～R3。

(2)　不加工表面清理涂漆。

三、形位公差

形位公差的说明如表 17-1 所示。

表 17-1　　　　　　　　　　　　　　　　形位公差

形位公差	说明
◎ ⌀0.02 A	被测轴线对基准轴线的同轴度公差为 0.02

四、 操作步骤

1. 创建以下图层。

名称	颜色	线型	线宽
轮廓线层	白色	Continuous	0.50
中心线层	红色	CENTER	默认
剖面线层	绿色	Continuous	默认
文字层	绿色	Continuous	默认
尺寸标注层	绿色	Continuous	默认

2. 设定绘图区域的大小为 260×260。单击【标准】工具栏上的 ⊕ 按钮，使绘图区域充满整个图形窗口显示出来。

3. 通过【线型控制】下拉列表打开【线型管理器】对话框，在此对话框中设定线型的全局比例因子为 "0.3"。

4. 打开极轴追踪、对象捕捉及捕捉追踪功能。设置极轴追踪角度增量为 90°，设定对象捕捉方式为 "端点"、"圆心" 和 "交点"。

5. 切换到轮廓线层。绘制零件的轴线 *A* 及右端面线 *B*，结果如图 17-2 所示。线段 *A* 的长度约为 180，线段 *B* 的长度约为 160。

6. 绘制平行线 *C*、*D* 等，如图 17-3 左图所示。修剪多余线条，结果如图 17-3 右图所示。

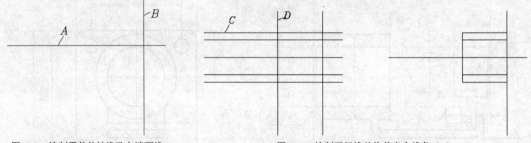

图17-2　绘制零件的轴线及右端面线　　　　　　图17-3　绘制平行线并修剪多余线条（1）

7. 绘制平行线，如图 17-4 左图所示。修剪多余线条，结果如图 17-4 右图所示。

8. 绘制平行线，如图 17-5 左图所示。修剪多余线条，结果如图 17-5 右图所示。

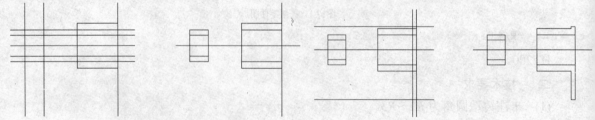

图17-4　绘制平行线并修剪多余线条（2）　　　　图17-5　绘制平行线并修剪多余线条（3）

9. 绘制平行线及斜线等，如图 17-6 左图所示。修剪多余线条，结果如图 17-6 右图所示。

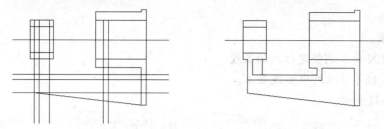

图17-6　绘制平行线、斜线并修剪多余线条

10. 绘制水平投影线、平行线及圆等，如图 17-7 左图所示。修剪多余线条，结果如图 17-7 右图所示。

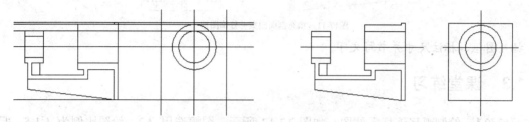

图17-7　绘制水平投影线、圆等并修剪多余线条

11. 绘制水平投影线及平行线等，如图 17-8 左图所示。修剪多余线条，结果如图 17-8 右图所示。

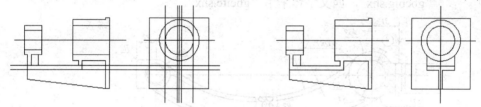

图17-8　绘制水平投影线及平行线等并修剪多余线条

12. 绘制平行线及圆，如图 17-9 左图所示。调整圆的定位线长度，然后阵列对象，结果如图 17-9 右图所示。

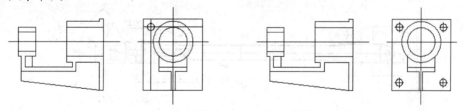

图17-9　绘制平行线、圆及阵列对象等

13. 绘制重合断面图，如图 17-10 所示。

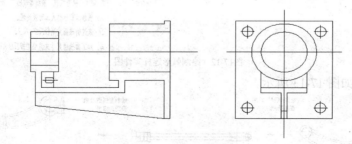

图17-10　绘制重合断面图

14. 主要完成以下绘图任务。

(1) 倒圆角及倒角。

(2) 填充剖面图案。

(3) 用 LENGTHEN 命令调整定位线的长度。

(4) 将轴线、定位线等修改到中心线层上。

　　结果如图 17-11 所示。

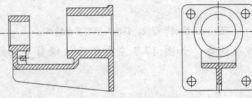

图17-11　填充剖面图案并修饰图形

15. 插入图框、标注尺寸并书写文字。

17.1.3　课堂练习

【练习17-2】　绘制弧形连杆零件图，如图 17-12 所示。图幅选用 A3，绘图比例为 1:1.5，尺寸文字字高为 3.5，技术要求中的文字字高分别为 5 和 3.5。中文字体采用 "gbcbig.shx"，西文字体采用 "gbeitc.shx"。

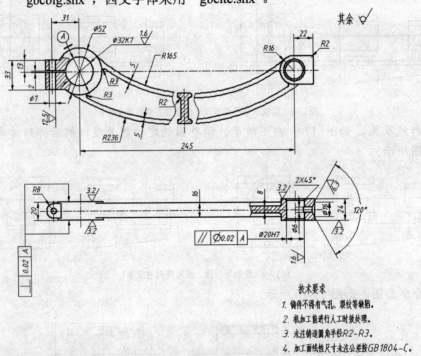

技术要求

1. 铸件不得有气孔、裂纹等缺陷。

2. 机加工前进行人工时效处理。

3. 未注铸造圆角半径R2—R3。

4. 加工面线性尺寸未注公差按GB1804—C。

图17-12　绘制弧形连杆零件图

主要作图步骤如图 17-13 所示。

绘制主视图的主要轮廓线　　绘制俯视图的主要轮廓线　　绘制主视图及俯视图的细节

图17-13　主要作图步骤

【练习17-3】 绘制导向支架零件图，如图 17-14 所示。图幅选用 A3，绘图比例为 1:1.5，尺寸
文字字高为 3.5，技术要求中的文字字高分别为 5 和 3.5。中文字体采用
"gbcbig.shx"，西文字体采用"gbeitc.shx"。

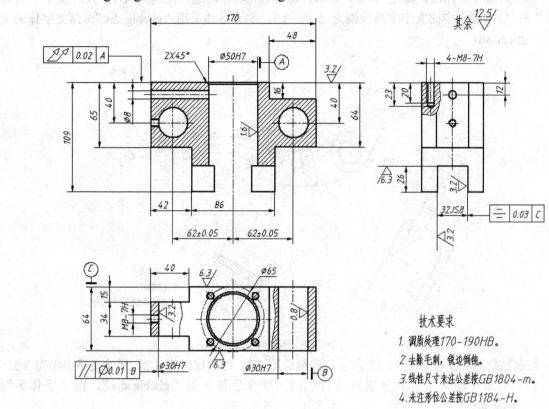

技术要求

1. 调质处理170~190HB。

2. 去除毛刺，锐边倒钝。

3. 线性尺寸未注公差按GB1804-m。

4. 未注形位公差按GB1184-H。

图17-14 导向支架零件图

主要作图步骤如图 17-15 所示。

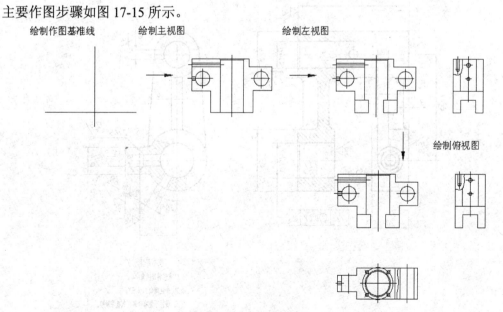

绘制作图基准线 绘制主视图 绘制左视图

绘制俯视图

图17-15 主要作图步骤

17.2　课后作业

1. 绘制脚踏杆零件图，如图 17-16 所示。图幅选用 A3，绘图比例为 1:1，尺寸文字字高为 3.5，技术要求中的文字字高分别为 5 和 3.5。中文字体采用"gbcbig.shx"，西文字体采用"gbeitc.shx"。

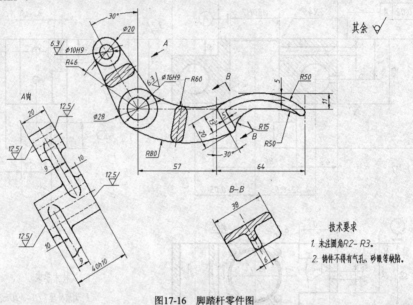

图17-16　脚踏杆零件图

2. 绘制轴架零件图，如图 17-17 所示。图幅选用 A3，绘图比例为 1:2，尺寸文字字高为 3.5，技术要求中的文字字高分别为 5 和 3.5。中文字体采用"gbcbig.shx"，西文字体采用"gbeitc.shx"。

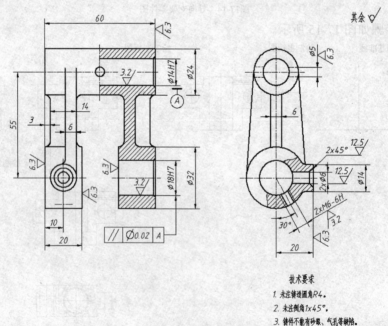

图17-17　轴架零件图

第 **18** 讲

箱体类零件

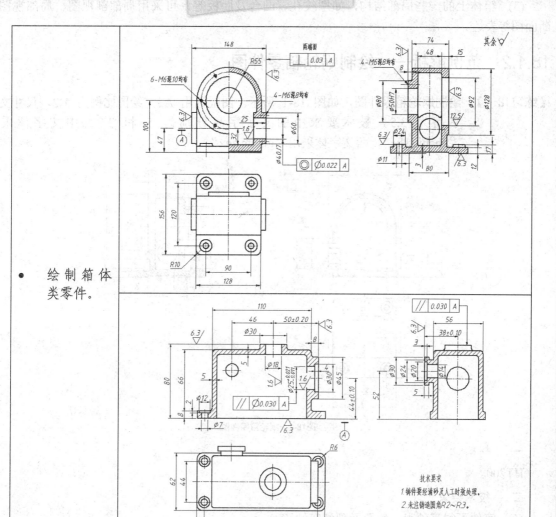

- 绘制箱体
  类零件。

18.1　绘制箱体类零件

本节介绍绘制箱体类零件的方法及技巧。

18.1.1　知识点讲解

箱体类零件主要用于支承、包容其他零件，机器或部件的外壳、机座及主体等均属于箱体类零件，此类零件的结构往往较为复杂，一般带有空腔、轴孔、肋板、凸台、沉孔及螺孔等结构。

箱体类零件的表达方案如下。

(1)　箱体类零件多数经过较多工序加工而成，各工序的加工位置不尽相同。在确定主视图时，一般选择工作位置或最能反映零件结构形状的方向作为主视方向。

(2)　通常采用通过主要支承孔轴线的剖视图表达零件的内部结构，利用其他视图表现外部形状。

(3)　箱体上的一些局部结构，如螺纹孔、凸台及肋板等，可采用局部剖视图、局部视图和断面图等表达。

18.1.2　范例解析——绘制蜗轮箱零件图

【练习18-1】　绘制蜗轮箱零件图，如图 18-1 所示。图幅选用 A3，绘图比例为 1:2，尺寸文字字高为 3.5，技术要求中的文字字高分别为 5 和 3.5。中文字体采用"gbcbig.shx"，西文字体采用"gbeitc.shx"。

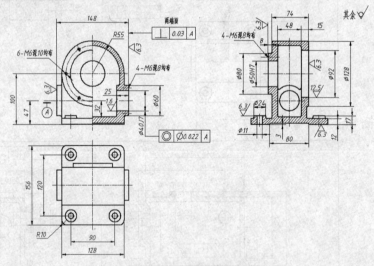

图18-1　蜗轮箱零件图

一、　材料

HT200。

二、　技术要求

(1)　铸件不得有砂眼、气孔及裂纹等缺陷。

(2)　机加工前进行时效处理。

(3) 未注铸造圆角为 $R3 \sim R5$。

(4) 加工面线性尺寸未注公差按 GB1804- m。

三、 形位公差

形位公差的说明如表 18-1 所示。

表 18-1　　　　　　　　　　　　　　　形位公差

形位公差	说明
◎ | Ø0.022 | A	被测孔的轴线对基准轴线的同轴度公差为 0.022
⊥ | 0.03 | A	被测端面对基准轴线的垂直度公差为 0.03

四、 操作步骤

1. 创建以下图层。

名称	颜色	线型	线宽
轮廓线层	白色	Continuous	0.50
中心线层	红色	CENTER	默认
剖面线层	绿色	Continuous	默认
文字层	绿色	Continuous	默认
尺寸标注层	绿色	Continuous	默认

2. 设定绘图区域的大小为 500×500。单击【标准】工具栏上的 ⊕ 按钮，使绘图区域充满整个图形窗口显示出来。

3. 通过【线型控制】下拉列表打开【线型管理器】对话框，在此对话框中设定线型的全局比例因子为 "0.3"。

4. 打开极轴追踪、对象捕捉及捕捉追踪功能。设置极轴追踪角度增量为 90°，设定对象捕捉方式为 "端点"、"圆心" 和 "交点"。

5. 切换到轮廓线层。绘制对称线 A 及圆的定位线 B，结果如图 18-2 所示。线段 A 的长度约为 200，线段 B 的长度约为 170。

6. 绘制圆及平行线，如图 18-3 左图所示。修剪多余线条，结果如图 18-3 右图所示。

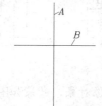

 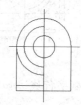

图18-2　绘制对称线及圆的定位线　　　　　　图18-3　绘制圆及平行线并修剪多余线条

7. 绘制平行线，如图 18-4 左图所示。修剪多余线条，结果如图 18-4 右图所示。

8. 绘制平行线，如图 18-5 左图所示。修剪多余线条，结果如图 18-5 右图所示。

图18-4　绘制平行线并修剪多余线条（1）　　　图18-5　绘制平行线并修剪多余线条（2）

9. 绘制平行线，如图 18-6 左图所示。修剪多余线条，结果如图 18-6 右图所示。

10. 用 LINE、CIRCLE 等命令绘制螺纹孔，结果如图 18-7 所示。

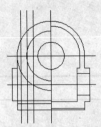 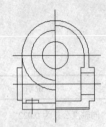 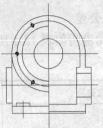

图18-6　绘制平行线并修剪多余线条（3）　　　　　　图18-7　绘制螺纹孔

11. 绘制水平投影线及平行线等，如图 18-8 左图所示。修剪多余线条，结果如图 18-8 右图所示。

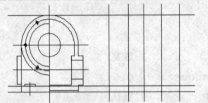 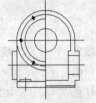 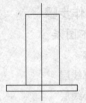

图18-8　绘制水平投影线及平行线等并修剪多余线条（1）

12. 绘制水平投影线及平行线等，如图 18-9 左图所示。修剪多余线条，结果如图 18-9 右图所示。

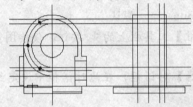 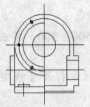 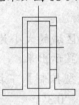

图18-9　绘制水平投影线及平行线等并修剪多余线条（2）

13. 绘制平行线，如图 18-10 左图所示。修剪多余线条，结果如图 18-10 右图所示。

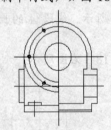 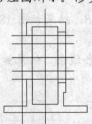 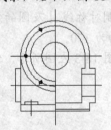 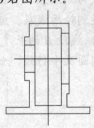

图18-10　绘制平行线并修剪多余线条

14. 绘制平行线，如图 18-11 左图所示。修剪多余线条，然后镜像对象，结果如图 18-11 右图所示。

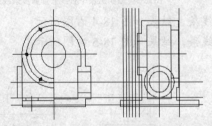 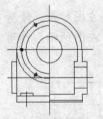 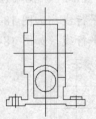

图18-11　绘制平行线及镜像对象等

15. 复制左视图并将其旋转 90°，然后绘制投影线及平行线等，如图 18-12 左图所示。修剪多余线条，结果如图 18-12 右图所示。

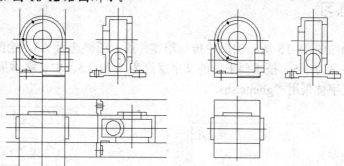

图18-12　绘制投影线及平行线等

16. 绘制投影线及圆等，如图 18-13 左图所示。修剪多余线条，再阵列圆，结果如图 18-13 右图所示。

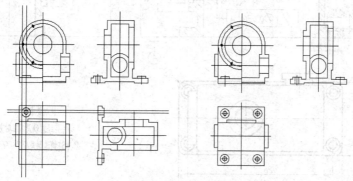

图18-13　绘制投影线、圆及阵列对象等

17. 主要完成以下绘图任务。

(1) 倒圆角。

(2) 填充剖面图案。

(3) 用 LENGTHEN 命令调整定位线的长度。

(4) 将轴线、定位线等修改到中心线层上。

结果如图 18-14 所示。

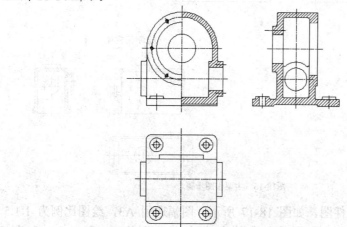

图18-14　填充剖面图案并修饰图形

18. 插入图框、标注尺寸并书写文字。

18.1.3　课堂练习

【练习18-2】　绘制如图 18-15 所示的齿轮传动箱零件图。图幅选用 A3，绘图比例 1:1，尺寸文
字字高为 3.5，技术要求中的文字字高为 5 和 3.5。中文字体采用 "gbcbig.shx"，
西文字体采用 "gbeitc.shx"。

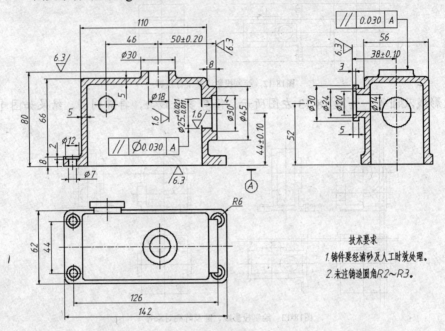

图18-15　齿轮传动箱零件图

主要作图步骤如图 18-16 所示。

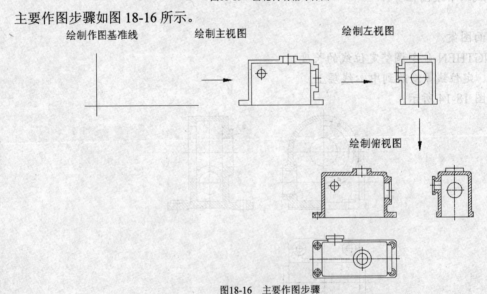

图18-16　主要作图步骤

【练习18-3】　绘制导轨座零件图，如图 18-17 所示。图幅选用 A3，绘图比例为 1:1.5，尺寸文
字字高为 3.5，技术要求中的文字字高分别为 5 和 3.5。中文字体采用
"gbcbig.shx"，西文字体采用 "gbeitc.shx"。

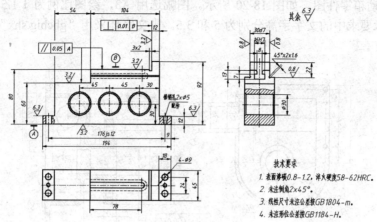

图18-17　导轨座零件图

主要作图步骤如图 18-18 所示。

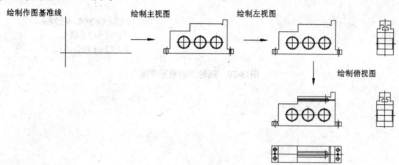

图18-18　主要作图步骤

18.2　课后作业

1. 绘制尾座零件图，如图 18-19 所示。图幅选用 A3，绘图比例为 1:1，尺寸文字字高为 3.5，技术要求中的文字字高分别为 5 和 3.5。中文字体采用 "gbcbig.shx"，西文字体采用 "gbeitc.shx"。

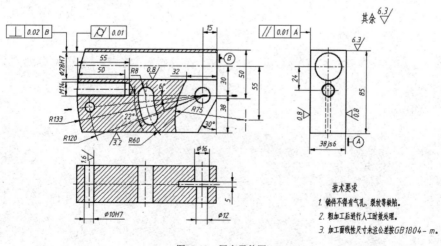

技术要求

1. 铸件不得有气孔、裂纹等缺陷。

2. 粗加工后进行人工时效处理。

3. 加工面线性尺寸未注公差按GB1804-m。

图18-19　尾座零件图

2. 绘制蜗轮传动箱零件图，如图 18-20 所示。图幅选用 A3，绘图比例为 1:1.5，尺寸文字字高为 3.5，技术要求中的文字字高分别为 5 和 3.5。中文字体采用"gbcbig.shx"，西文字体采用"gbeitc.shx"。

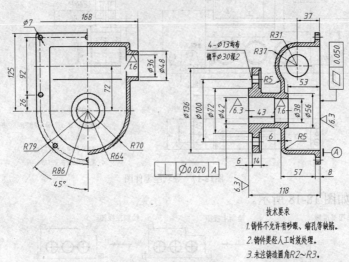

技术要求
1. 铸件不允许有砂眼、缩孔等缺陷。
2. 铸件要经人工时效处理。
3. 未注铸造圆角R2~R3。

图18-20　蜗轮传动箱零件图

第 **19** 讲

装配图

【学习目标】

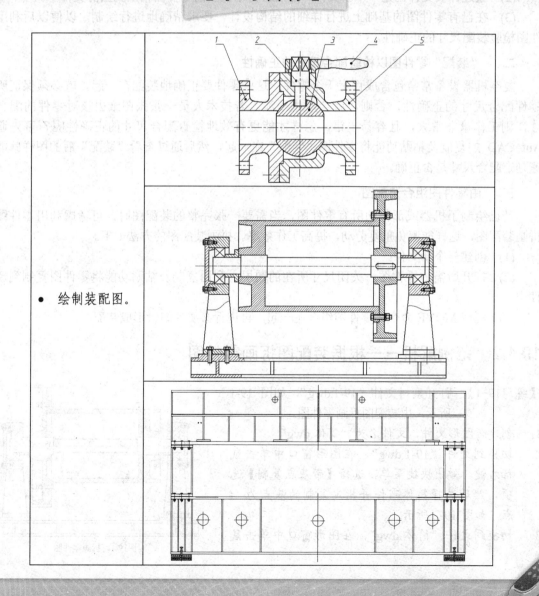

• 绘制装配图。

19.1 绘制装配图

本节介绍绘制装配图的方法。

19.1.1 知识点讲解

一、 根据装配图拆画零件图

装配图是表达机器或部件装配关系及整体结构的一种图样，一般在设计过程中是先绘制出装配图，然后再由装配图所提供的结构形式和尺寸拆画零件图，因此，用 AutoCAD 绘制装配图时，应精确地将各个零部件绘制出来，为后续拆画零件图做好准备。

绘制了精确的装配图后，就可利用 AutoCAD 的复制及粘贴功能从该图拆画零件图，具体过程如下。

(1) 将装配图中某个零件的主要轮廓复制到剪贴板上。

(2) 通过样板文件创建一个新文件，然后将剪贴板上的零件图粘贴到当前文件中。

(3) 在已有零件图的基础上进行详细的结构设计，要求精确地进行绘制，以便以后利用零件图检验装配尺寸的正确性。

二、 "装配"零件图以检验配合尺寸的正确性

复杂机器设备常常包含成百上千个零件，这些零件要正确地装配在一起，就必须保证所有零件配合尺寸的正确性，否则，就会产生干涉。若技术人员一张张图纸去核对零件的配合尺寸，则工作量非常大，且容易出错。怎样才能更有效地检查配合尺寸的正确性呢？可先通过 AutoCAD 的复制及粘贴功能将零件图"装配"在一起，然后通过查看"装配"后的图样就能迅速判定配合尺寸是否正确。

三、 由零件图组合装配图

若已绘制了机器或部件的所有零件图，当需要一张完整的装配图时，可考虑利用零件图来拼画装配图，这样能避免重复劳动，提高工作效率。拼画装配图的方法如下。

(1) 创建一个新文件。

(2) 打开所需的零件图，关闭尺寸所在的图层，利用复制及粘贴功能将零件图复制到新文件中。

(3) 利用 MOVE 命令将零件图组合在一起，再进行必要的编辑形成装配图。

19.1.2 范例解析——根据装配图拆画零件图

【练习19-1】 打开素材文件"19-1.dwg"，如图 19-1 所示，由装配图拆画零件图。

1. 创建新图形文件，文件名为"筒体.dwg"。

2. 切换到文件"19-1.dwg"，在图形窗口中单击鼠标右键，弹出快捷菜单，选择【带基点复制】选项，然后选择筒体零件并指定复制的基点为 A 点，如图 19-2 所示。

3. 切换到文件"筒体.dwg"，在图形窗口中单击鼠

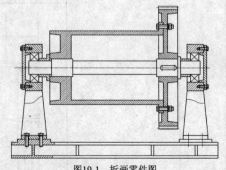

图19-1 拆画零件图

标右键，弹出快捷菜单，选择【粘贴】选项，结果如图 19-3 所示。

4. 对筒体零件进行必要的编辑，结果如图 19-4 所示。

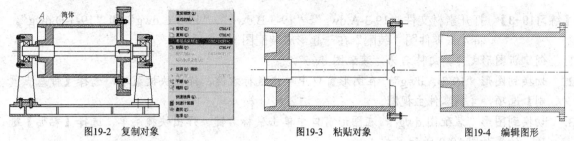

图19-2　复制对象　　　　　　　　　图19-3　粘贴对象　　　　　　　　图19-4　编辑图形

19.1.3　范例解析——检验零件间装配尺寸的正确性

【练习19-2】　打开素材文件"19-2-A.dwg"、"19-2-B.dwg"和"19-2-C.dwg"，将它们装配在一起以检验配合尺寸的正确性。

1. 创建新图形文件，文件名为"装配检验.dwg"。
2. 切换到图形"19-2-A.dwg"，关闭标注层，如图 19-5 所示。在图形窗口中单击鼠标右键，弹出快捷菜单，选择【带基点复制】选项，复制零件主视图。
3. 切换到图形"装配检验.dwg"，在图形窗口中单击鼠标右键，弹出快捷菜单，选择【粘贴】选项，结果如图 19-6 所示。

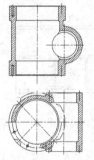

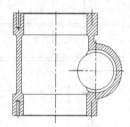

图19-5　复制零件主视图　　　　　　　　　　　　　图19-6　粘贴对象

4. 切换到图形"19-2-B.dwg"，关闭标注层。在图形窗口中单击鼠标右键，弹出快捷菜单，选择【带基点复制】选项，复制零件主视图。
5. 切换到图形"装配检验.dwg"，在图形窗口中单击鼠标右键，弹出快捷菜单，选择【粘贴】选项，结果如图 19-7 左图所示。
6. 用 MOVE 命令将两个零件装配在一起，结果如图 19-7 右图所示。由图可以看出，两零件正确地配合在一起，它们的装配尺寸是正确的。
7. 用上述同样的方法将零件"19-2-C"与"19-2-A"也装配在一起，结果如图 19-8 所示。

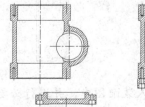

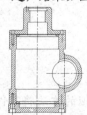

图19-7　粘贴对象　　　　　　　　　　　　图19-8　将两个零件装配在一起

19.1.4 范例解析——由零件图组合装配图

【练习19-3】 打开素材文件 "19-3-A.dwg"、"19-3-B.dwg"、"19-3-C.dwg" 和 "19-3-D.dwg"。
将 4 张零件图 "装配" 在一起形成装配图。

1. 创建新图形文件，文件名为 "装配图.dwg"。
2. 切换到图形 "19-3-A.dwg"，在图形窗口中单击鼠标右键，弹出快捷菜单，选择【带基点复制】选项，复制零件主视图。
3. 切换到图形 "装配图.dwg"，在图形窗口中单击鼠标右键，弹出快捷菜单，选择【粘贴】选项，结果如图 19-9 所示。

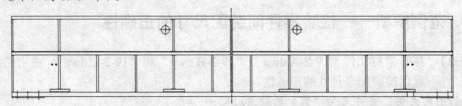

图19-9 粘贴对象

4. 切换到图形 "19-3-B.dwg"，在图形窗口中单击鼠标右键，弹出快捷菜单，选择【带基点复制】选项，复制零件左视图。
5. 切换到图形 "装配图.dwg"，在图形窗口中单击鼠标右键，弹出快捷菜单，选择【粘贴】选项。再重复粘贴操作，结果如图 19-10 所示。

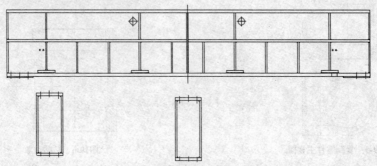

图19-10 粘贴对象

6. 用 MOVE 命令将零件图装配在一起，结果如图 19-11 所示。

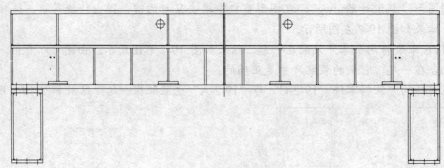

图19-11 将零件装配在一起

7. 用与上述类似的方法将零件图 "19-3-C" 与 "19-3-D" 也插入装配图中，并进行必要的编辑，结果如图 19-12 所示。

8. 打开素材文件"标准件.dwg"，将该文件中的 M20 螺栓、螺母及垫圈等标准件复制到"装配图.dwg"中，然后用 MOVE 和 ROTATE 命令将这些标准件装配到正确的位置，结果如图 19-13 所示。

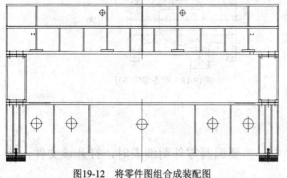

图19-12 将零件图组合成装配图

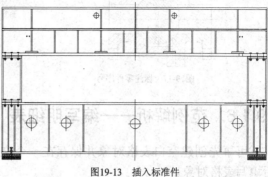

图19-13 插入标准件

19.1.5 范例解析——标注零件序号

使用 MLEADER 命令可以很方便地创建带下画线或带圆圈形式的零件序号，生成序号后，用户可通过关键点编辑方式调整引线或序号数字的位置。

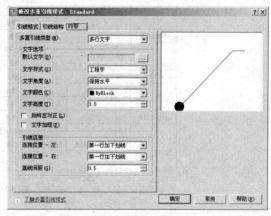

图19-14 【修改多重引线样式】对话框

【练习19-4】 编写零件序号。

1. 打开素材文件"19-4.dwg"。
2. 单击【多重引线】工具栏上的 按钮，打开【多重引线样式管理器】对话框，再单击 修改(M)... 按钮，打开【修改多重引线样式】对话框，如图 19-14 所示。在该对话框中完成以下设置。
(1) 【引线格式】选项卡中的参数设置如图 19-15 所示。
(2) 【引线结构】选项卡中的参数设置如图 19-16 所示。【基线设置】分组框的文本框中的数值 2 表示下画线与引线间的距离，【指定比例】文本框中的数值等于绘图比例的倒数。

图19-15 设置箭头大小

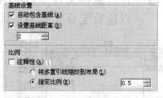

图19-16 设置引线参数

(3) 【内容】选项卡中的参数设置如图 19-14 所示。其中【基线间距】文本框中的数值表示下画线的长度。
3. 单击【多重引线】工具栏上的 按钮，启动创建引线标注命令，标注零件序号，结果如图 19-17 所示。
4. 对齐零件序号。单击【多重引线】工具栏上的 按钮，选择零件序号 1、2、3 和 5，按 Enter 键，然后选择要对齐的序号 4 并指定水平方向为对齐方向，结果如图 19-18 所示。

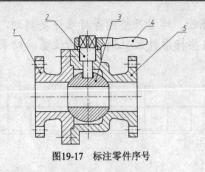
图19-17　标注零件序号

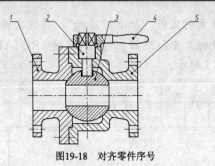
图19-18　对齐零件序号

19.1.6　范例解析——编写明细表

可事先创建空白表格对象并保存在一个文件中，当要编写零件明细表时，打开该文件，然后填写表格对象。

【练习19-5】　打开素材文件"明细表.dwg"，该文件包含一个零件明细表。此表是表格对象，通过双击其中一个单元就可填写文字，填写结果如图19-19所示。

	5	右阀体	1	青铜			
旧底图总号	4	手柄	1	HT150			
	3	球形阀瓣	1	黄铜			
	2	阀杆	1	35			
底图总号	1	左阀体	1	青铜			
			制定		标记		
			绘写			共　页　第　页	
签名	日期		校对				
			标准化检查	明细表			
标记	更改内容或依据	更改人	日期	审核			

图19-19　填写零件明细表

19.1.7　课堂练习

【练习19-6】　打开素材文件"19-6.dwg"，如图19-20所示，由此装配图拆画零件图。

【练习19-7】　打开素材文件"19-7-A.dwg"、"19-7-B.dwg"、"19-7-C.dwg"，将它们装配在一起以检验配合尺寸的正确性，如图19-21所示。

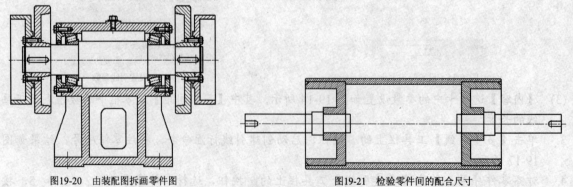

图19-20　由装配图拆画零件图　　　　　　图19-21　检验零件间的配合尺寸

19.2   课后作业

1.   打开素材文件"19-8.dwg",如图 19-22 所示,由此装配图拆画零件图。
2.   打开素材文件"19-9.dwg",给装配图中的零件编号,如图 19-23 所示。

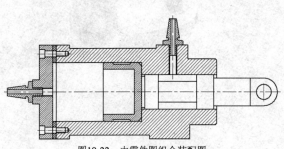

图19-22   由零件图组合装配图

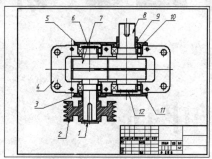

图19-23   编写零件序号

第**20**讲

打印图形

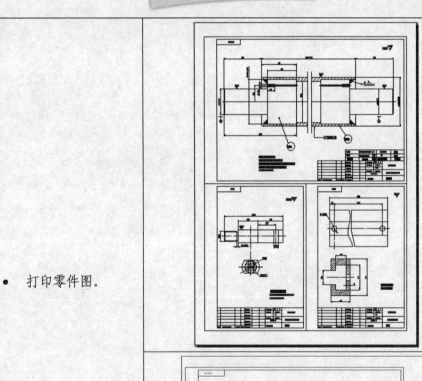

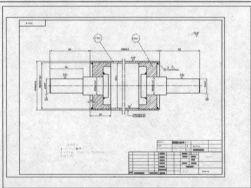

- 打印零件图。

20.1 打印图形的方法

本节介绍打印图形的方法及技巧。

20.1.1 知识点讲解

在模型空间中将工程图样布置在标准幅面的图框内，再标注尺寸及书写文字后，就可以输出图形了。输出图形的主要过程如下。

(1) 指定打印设备，可以是 Windows 系统打印机或是在 AutoCAD 中安装的打印机。

(2) 选择图纸幅面及打印份数。

(3) 设定要输出的内容。例如，可指定将某一矩形区域的内容输出，或是将包围所有图形的最大矩形区域输出。

(4) 调整图形在图纸上的位置及方向。

(5) 选择打印样式，若不指定打印样式，则按对象原有属性进行打印。

(6) 设定打印比例。

(7) 预览打印效果。

20.1.2 范例解析——添加打印设备

【练习20-1】 添加 AutoCAD 绘图仪。

1. 选择菜单命令【文件】/【绘图仪管理器】，打开"Plotters"文件夹，该文件夹显示了在 AutoCAD 中已安装的所有绘图仪。再双击"添加绘图仪向导"图标，打开【添加绘图仪】对话框。

2. 单击 下一步(N) > 按钮，打开【添加绘图仪-开始】对话框，在此对话框中设置新绘图仪的类型，选择【我的电脑】单选项，如图 20-1 所示。

3. 单击 下一步(N) > 按钮，打开【添加绘图仪-绘图仪型号】对话框，如图 20-2 所示。在【生产商】列表框中选择绘图仪的制造商"HP"；在【型号】列表框中指定绘图仪的型号为"DesignJet 430 C4713A"。

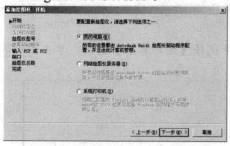

图20-1 【添加绘图仪-开始】对话框

图20-2 【添加绘图仪-绘图仪型号】对话框

4. 单击 下一步(N) > 按钮，打开【添加绘图仪-输入 PCP 或 PC2】对话框，如图 20-3 所示。若用户想使用 AutoCAD 早期版本的打印机配置文件（".pcp"或".pc2"文件）就单击 输入文件(I)... 按钮，然后输入这些文件。

5. 单击 下一步(N) > 按钮，打开【添加绘图仪-端口】对话框，如图 20-4 所示。选择【打印到端口】选项，然后在列表框中指定输出到绘图仪的端口。

图20-3　【添加绘图仪-输入 PCP 或 PC2】对话框

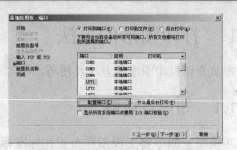

图20-4　【添加绘图仪-端口】对话框

6. 单击 下一步(N)> 按钮，打开【添加绘图仪-绘图仪名称】对话框，如图 20-5 所示。在【绘图仪名称】文本框中列出了绘图仪的名称，用户可在此文本框中输入新的名称。

7. 单击 下一步(N)> 按钮，再单击 完成(F) 按钮，新添加的绘图仪即可出现在 "Plotters" 文件夹中。

图20-5　【添加绘图仪-绘图仪名称】对话框

20.1.3　范例解析——设置打印范围及比例

【练习20-2】　设定输出范围及输出时的比例。

1. 打开素材文件 "20-2.dwg"。

2. 利用 AutoCAD 的 "添加绘图仪向导" 配置一台绘图仪 "DesignJet 430 C4713A"。

3. 选择菜单命令【文件】/【打印】，打开【打印】对话框，如图 20-6 所示。在【打印机/绘图仪】分组框的【名称】下拉列表中选择打印设备 "DesignJet 430 C4713A"；在【图纸尺寸】下拉列表中选择 A3 幅面图纸；在【比例】下拉列表中设定打印比例为 1:2。

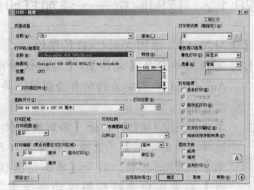

图20-6　【打印】对话框

4. 在【打印范围】下拉列表中选择【显示】选项，单击 预览(P)... 按钮，预览打印效果，如图 20-7 所示。

5. 返回【打印】对话框，在【打印范围】下拉列表中选择【图形界限】选项，单击 预览(P)... 按钮，预览打印效果，如图 20-8 所示。

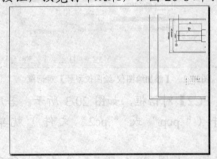

图20-7　采用【显示】选项的打印效果

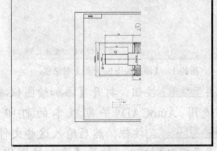

图20-8　采用【图形界限】选项的打印效果

6. 返回【打印】对话框，在【打印范围】下拉列表中选择【范围】选项，单击 预览(P)... 按钮，预览打印效果，如图 20-9 所示。

7. 返回【打印】对话框，在【打印范围】下拉列表中选择【窗口】选项，然后指定标题栏所在的范围为打印区域，单击 预览(P)... 按钮，预览打印效果，如图 20-10 所示。

8. 返回【打印】对话框，在【打印范围】下拉列表中选择【范围】选项，在【打印比例分组框中勾选【布满图纸】复选项，预览打印效果，如图 20-11 所示。

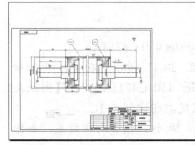

图20-9　采用【范围】选项的打印效果

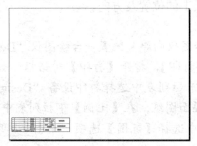

图20-10　采用【窗口】选项的打印效果

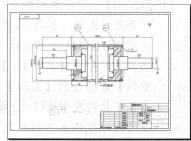

图20-11　绘图比例为"布满图纸"

【知识链接】

在【打印】对话框的【打印区域】分组框中设置要输出的图形范围，如图 20-12 所示。

该区域的【打印范围】下拉列表中包含 4 个选项，下面利用图 20-13 所示的图样介绍这些选项的功能。

图20-12　【打印区域】中的选项

要点提示　在【草图设置】对话框中关闭【显示超出界线的栅格】选项才出现如图 20-13 所示的栅格。

- 【图形界限】：从模型空间打印时，【打印范围】下拉列表将列出【图形界限】选项。选取该选项，系统就把设定的图形界限范围（用 LIMITS 命令设置图形界限）打印在图纸上，结果如图 20-14 所示。

  从图纸空间打印时，【打印范围】下拉列表将列出【布局】选项。选取该选项，系统将打印虚拟图纸可打印区域内的所有内容。

- 【范围】：打印图样中所有图形对象，结果如图 20-15 所示。

- 【显示】：打印整个图形窗口，打印结果如图 20-16 所示。

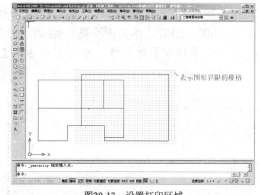

图20-13　设置打印区域

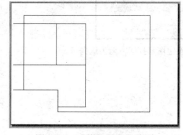

图20-14　【图形界限】选项

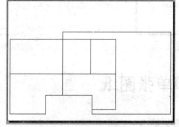

图20-15　【范围】选项

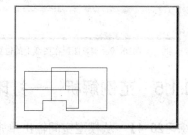

图20-16　【显示】选项

- 【窗口】：打印用户自己设定的区域。选择此选项后，系统提示指定打印区域的两个角点，同时在【打印】对话框中显示 窗口(0)< 按钮，单击此按钮，可重新设定打印区域。

20.1.4 范例解析——设置打印位置及方向

【练习20-3】 调整图形在图纸上的位置及方向。

1. 打开素材文件 "20-3.dwg"。
2. 利用 AutoCAD 的 "添加绘图仪向导" 配置一台绘图仪 "DesignJet 430 C4713A"。
3. 选择菜单命令【文件】/【打印】，打开【打印】对话框，如图 20-17 所示。在【打印机/绘图仪】分组框的【名称】下拉列表中选择打印设备 "DesignJet 430 C4713A"; 在【图纸尺寸】下拉列表中选择 A3 幅面图纸; 在【比例】下拉列表中设定打印比例为 1:2。
4. 在【打印范围】下拉列表中选择【范围】选项，单击 预览(P)... 按钮，预览打印效果，如图 20-18 所示。

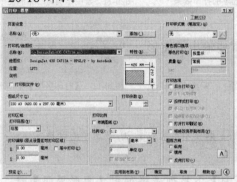

图20-17 【打印】对话框

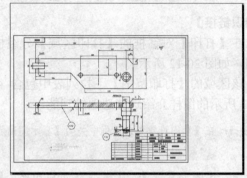

图20-18 预览打印效果

5. 返回【打印】对话框，在【打印偏移】分组框的【X】、【Y】文本框中分别输入数值 "60"、"30"，单击 预览(P)... 按钮，预览打印效果，如图 20-19 所示。
6. 返回【打印】对话框，在【图形方向】分组框中选择【纵向】单选项，在【打印比例】分组框中设定打印比例为 1:3，单击 预览(P)... 按钮，预览打印效果，如图 20-20 所示。

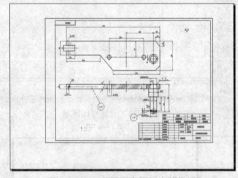

图20-19 调整图形在图纸上的位置

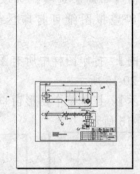

图20-20 设定图形打印方向为纵向

20.1.5 范例解析——打印单张图纸

【练习20-4】 从模型空间输出单张图纸。

1. 打开素材文件 "20-4.dwg"。

2. 利用 AutoCAD 的"添加绘图仪向导"配置一台绘图仪"DesignJet 450C C4716A"。

3. 选择菜单命令【文件】/【打印】，打开【打印】对话框，如图 20-21 所示。在此对话框中作以下设置。

(1) 在【打印机/绘图仪】区域的【名称】下拉列表中选择打印设备"DesignJet 450C C4716A"。

(2) 在【图纸尺寸】下拉列表中选择 A3 幅面图纸。

(3) 在【打印样式表】分组框的下拉列表中选择打印样式"monochrome.ctb"（将所有颜色打印为黑色）。

(4) 在【打印范围】下拉列表中选择【范围】选项。

(5) 在【打印比例】分组框中选择【布满图纸】复选项。

(6) 在【图形方向】分组框中选择【横向】单选项。

4. 单击 预览(P)... 按钮，预览打印效果，如图 20-22 所示。若满意，单击 按钮开始打印。

图20-21 【打印】对话框

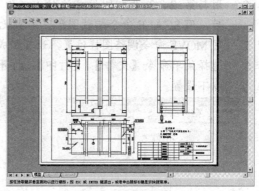

图20-22 预览打印效果

【知识链接】

在【打印】对话框【打印样式表】分组框的【名称】下拉列表中选择打印样式，如图 20-23 所示。打印样式是对象的一种特性，如同颜色和线型一样。它用于修改打印图形的外观，若为某个对象选择了一种打印样式，则输出图形后，对象的外观由样式决定。AutoCAD 提供了几百种打印样式，并将其组合成一系列打印样式表。

打印样式表有以下两种类型。

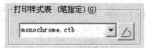

图20-23 使用打印样式

- 颜色相关打印样式表：颜色相关打印样式表以".ctb"为文件扩展名保存。该表以对象颜色为基础，共包含 255 种打印样式，每种 ACI 颜色对应一个打印样式，样式名分别为"颜色 1"、"颜色 2"等。用户不能添加或删除颜色相关打印样式，也不能改变它们的名称。若当前图形文件与颜色相关打印样式表相连，则系统自动根据对象的颜色分配打印样式。用户不能选择其他打印样式，但可以对已分配的样式进行修改。

- 命名相关打印样式表：命名相关打印样式表以".stb"为文件扩展名保存。该表包括一系列已命名的打印样式，可修改打印样式的设置及其名称，还可添加新的样式。若当前图形文件与命名相关打印样式表相连，则用户可以不考虑对象颜色，直接给对象指定样式表中的任意一种打印样式。

在【名称】下拉列表中包含了当前图形中所有打印样式表，用户可选择其中之一。用户若要修改打印样式，就单击此下拉列表右侧的 按钮，打开【打印样式表编辑器】对话框。利用该对话框可查看或改变当前打印样式表中的参数。

20.1.6　范例解析——将多张图纸布置在一起打印

【练习20-5】　素材文件"20-5-A.dwg"和"20-5-B.dwg"都采用 A2 幅面图纸，绘图比例分别为（1:3）、（1:4），现将它们布置在一起输出到 A1 幅面的图纸上。

1.　创建一个新文件。

2.　选择菜单命令【插入】/【DWG 参照】，打开【选择参照文件】对话框，找到图形文件"20-5-A.dwg"。单击 打开① 按钮，打开【外部参照】对话框，利用该对话框插入图形文件。插入时的缩放比例为 1:1。

3.　用 SCALE 命令缩放图形，缩放比例为 1:3（图样的绘图比例）。

4.　用与第 2、3 步相同的方法插入文件"20-5-B.dwg"，插入时的缩放比例为 1:1。插入图样后，用 SCALE 命令缩放图形，缩放比例为 1:4。

5.　用 MOVE 命令调整图样位置，让其组成 A1 幅面图纸，如图 20-24 所示。

6.　选择菜单命令【文件】/【打印】，打开【打印】对话框，如图 20-25 所示。在该对话框中作以下设置。

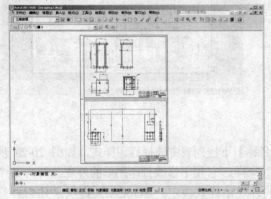

图20-24　组成 A1 幅面图纸

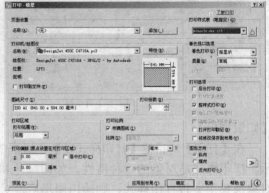

图20-25　【打印】对话框

(1)　在【打印机/绘图仪】分组框的【名称】下拉列表中选择打印设备"DesignJet 450C C4716A"。

(2)　在【图纸尺寸】下拉列表中选择 A1 幅面图纸。

(3)　在【打印样式表】分组框的下拉列表中选择打印样式"monochrome.ctb"（将所有颜色打印为黑色）。

(4)　在【打印范围】下拉列表中选取【范围】选项。

(5)　在【打印比例】分组框中勾选【布满图纸】复选项。

(6)　在【图形方向】分组框中选择【纵向】单选项。

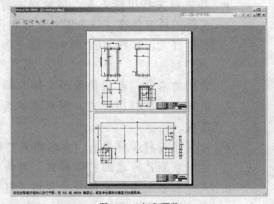

图20-26　打印预览

7.　单击 预览(P)... 按钮，预览打印效果，如图 20-26 所示。若满意，单击 🖳 按钮开始打印。

20.1.7　课堂练习

【**练习20-6**】　将素材文件"20-6.dwg"输出到 A4 幅面的图纸上，单色打印，并使图样尽量充满图纸，如图 20-27 所示。

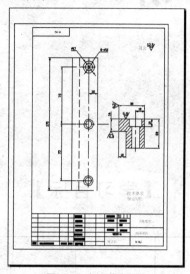

图20-27　打印单张图纸

20.2　课后作业

　　素材文件"20-7-A.dwg"、"20-7-B.dwg"和"20-7-C.dwg"的绘图比例分别为（1.5:1）、（1:1）和（1:1），将它们布置在一起输出到 A2 幅面的图纸上，单色打印，并使图样尽量充满图纸，如图 20-28 所示。

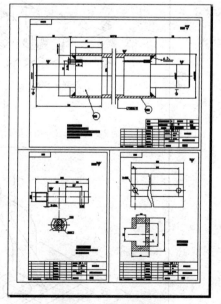

图20-28　打印多张图纸

第**21**讲

三维建模

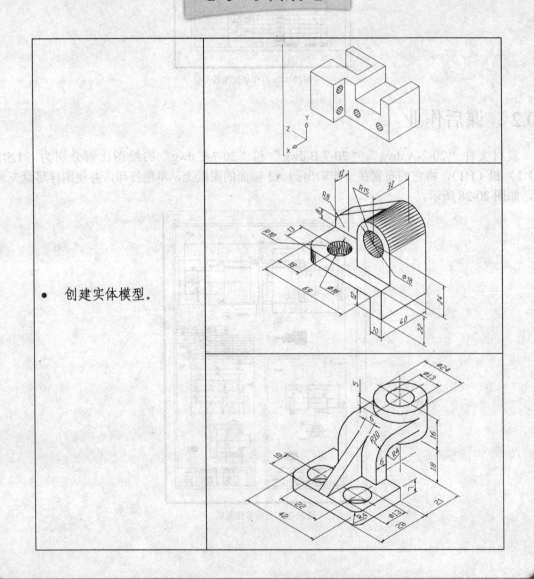

- 创建实体模型。

21.1 三维绘图基础

本节介绍观察三维模型及使用用户坐标系的方法。

21.1.1 知识点讲解

一、 三维建模空间

创建三维模型时可切换至 AutoCAD 三维工作空间，在【工作空间】工具栏的下拉列表中选择【三维建模】选项或选择菜单命令【工具】/【工作空间】/【三维建模】，就进入三维工作空间。该空间包含三维建模【面板】，其由二维绘制控制台（三维工作空间中隐藏）、三维制作控制台、三维导航控制台、视觉样式控制台、材质控制台、光源控制台、渲染控制台及图层控制台等组成，如图 21-1 所示。选择菜单命令【工具】/【选项板】/【面板】即可打开或关闭它。

二、 用标准视点观察模型

任何三维模型都可以从任意一个方向观察，【视图】工具栏及三维导航控制台的视图控制下拉列表提供了 10 种标准视点，如图 21-2 所示。通过这些视点就能获得 3D 对象的 10 种视图，如前视图、后视图、左视图及东南轴测图等。

图21-1　三维建模【面板】

图21-2　标准视点

三、 三维动态旋转

3DFORBIT 命令将激活交互式的动态视图，用户按住鼠标左键并拖动鼠标指针就能改变观察方向。使用此命令时，可以选择观察全部对象或是模型中的一部分对象，AutoCAD 围绕待观察的对象形成一个辅助圆，该圆被 4 个小圆分成 4 等份，如图 21-3 所示。

当观察部分对象时，应先选择这些对象，然后启动 3DFORBIT 命令。此时，仅所选对象显示在屏幕上。若其没有处在动态观察器的大圆内，就单击鼠标右键，选取【范围缩放】选项。

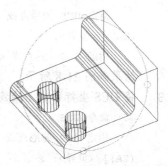

图21-3　三维动态旋转

四、 视觉样式

视觉样式用于改变模型在视口中的显示外观。AutoCAD 提供了 5 种默认视觉样式，可在三维建模【面板】的三维导航控制台【视觉样式】下拉列表中进行选择，或通过下拉菜单【视图】/【视觉样式】进行选择。

五、 用户坐标系

默认情况下，AutoCAD 坐标系统是世界坐标系，该坐标系是一个固定坐标系。用户也可在三维空间中建立自己的坐标系（UCS），该坐标系是一个可变动的坐标系，坐标轴正向按右手螺旋法则确定。三维绘图时，UCS 坐标系特别有用，因为可以在任意位置、沿任意方向建立UCS，从而使得三维绘图变得更加容易。

21.1.2　范例解析——观察三维模型

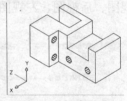

图21-4　利用标准视点观察模型

【练习21-1】　利用标准视点观察如图 21-4 所示的三维模型。

1. 打开素材文件 "21-1.dwg"，如图 21-4 所示。
2. 选择三维导航控制台【视图控制】下拉列表的【主视】选项，然后发出消隐命令 HIDE，结果如图 21-5 所示，此图是三维模型的前视图。
3. 选择【视图控制】下拉列表的【左视】选项，然后发出消隐命令 HIDE，结果如图 21-6 所示，此图是三维模型的左视图。
4. 选择【视图控制】下拉列表中的【东南等轴测】选项，然后发出消隐命令 HIDE，结果如图 21-7 所示，此图是三维模型的东南轴测视图。

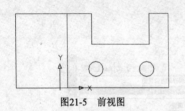

图21-5　前视图

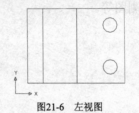

图21-6　左视图

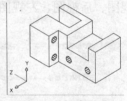

图21-7　东南轴测视图

21.1.3　范例解析——使用用户坐标系

【练习21-2】　在三维空间中创建坐标系。

1. 打开素材文件 "21-2.dwg"。
2. 改变坐标原点。输入 UCS 命令，AutoCAD 提示如下。

        命令：ucs
        指定 UCS 的原点或 [面(F)/命名(NA)/对象(OB)/上一个(P)/视图(V)/世界(W)/X/Y/Z/Z 轴(ZA)] <世界>：　　　　　　　　　　　//捕捉 A 点，如图 21-8 所示
        指定 X 轴上的点或 <接受>：　　　　　　　//按 Enter 键
    结果如图 21-8 所示。
3. 将 UCS 坐标系绕 x 轴旋转 90°。

        命令：UCS
        指定 UCS 的原点或 [面(F)/命名(NA)/对象(OB)/上一个(P)/视图(V)/世界(W)/X/Y/Z/Z 轴(ZA)] <世界>：x　　　　　　　　　　　//使用 "X" 选项
        指定绕 X 轴的旋转角度 <90>：90　　　　　　//输入旋转角度
    结果如图 21-9 所示。
4. 利用三点定义新坐标系。

        命令：UCS
        指定 UCS 的原点或 [面(F)/命名(NA)/对象(OB)/上一个(P)/视图(V)/世界(W)/X/Y/Z/Z 轴

(ZA)] <世界>：end 于　　　　　　　　　//捕捉 *B* 点，如图 21-10 所示

　　指定 X 轴上的点或 <接受>：end 于　　　//捕捉 *C* 点

　　指定 XY 平面上的点或 <接受>：end 于　//捕捉 *D* 点

结果如图 **21-10** 所示。

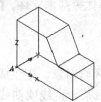

图21-8　改变坐标原点

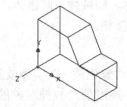

图21-9　将坐标系绕 *x* 轴旋转

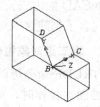

图21-10　利用三点定义坐标系

21.1.4　课堂练习

【练习21-3】　打开素材文件"21-3.dwg"，如图 **21-11** 所示。利用标准视点及三维动态旋转方式观察模型。

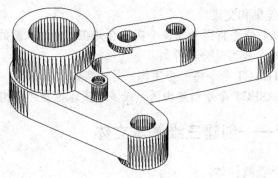

图21-11　观察模型

【练习21-4】　打开素材文件"21-4.dwg"，如图 **21-12** 所示。分别以 *A*、*B* 及 *C* 面为 *xy* 平面创建用户坐标系。

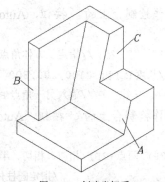

图21-12　创建坐标系

21.2　创建实体模型

本节介绍创建三维实体的方法。

21.2.1　知识点讲解

一、创建三维基本立体

AutoCAD 能生成长方体、球体、圆柱体、圆锥体、楔形体及圆环体等基本立体。【建模】工具栏中包含了创建这些立体的命令按钮。

二、将二维对象拉伸成实体

EXTRUDE 命令可以拉伸二维对象生成 3D 实体或曲面，若拉伸闭合对象，则生成实体，否则生成曲面。操作时，可指定拉伸高度值及拉伸对象的锥角，还可沿某一直线或曲线路径进行拉伸。

三、旋转二维对象形成实体

REVOLVE 命令可以旋转二维对象生成 3D 实体，若二维对象是闭合的，则生成实体，否则生成曲面。用户通过选择直线、指定两点或 x、y 轴来确定旋转轴。

四、布尔运算

布尔运算包括并集、差集和交集。

- 并集操作：UNION 命令将两个或多个实体合并在一起形成新的单一实体。操作对象既可以是相交的，也可是分离开的。
- 差集操作：SUBTRACT 命令将一个实体从另一实体中减去。
- 交集操作：INTERSECT 命令创建由两个或多个实体重叠部分构成的新实体。

21.2.2　范例解析——创建三维基本立体

【练习21-5】　创建长方体及圆柱体。

1. 进入三维建模工作空间。选择三维导航控制台【视图控制】下拉列表的"东南等轴测"选项，切换到东南等轴测视图。再通过视觉样式控制台【视觉样式】下拉列表设定当前模型显示方式为"二维线框"。
2. 单击【建模】工具栏或三维制作控制台上的 按钮，AutoCAD 提示如下。

```
命令: _box
指定第一个角点或 [中心(C)]:            //指定长方体角点 A，如图 21-13 所示
指定其他角点或 [立方体(C)/长度(L)]: @100,200,300
                                      //输入另一角点 B 的相对坐标，如图 21-13 所示
```

3. 单击【建模】工具栏或三维制作控制台上的 按钮，AutoCAD 提示如下。

```
命令: _cylinder
指定底面的中心点或 [三点(3P)/两点(2P)/相切、相切、半径(T)/椭圆(E)]:
                                      //指定圆柱体底圆中心，如图 21-13 所示
指定底面半径或 [直径(D)] <80.0000>: 80       //输入圆柱体半径
指定高度或 [两点(2P)/轴端点(A)] <300.0000>: 300   //输入圆柱体高度
```
结果如图 21-13 所示。
4. 改变实体表面网格线的密度。

```
命令: isolines
```

输入 ISOLINES 的新值 <4>: 40　　　　//设置实体表面网格线的数量

5. 选择菜单命令【视图】/【重生成】，重新生成模型，实体表面
网格线变得更加密集。

6. 控制实体消隐后表面网格线的密度。

命令: facetres

输入 FACETRES 的新值 <0.5000>: 5

　　　　//设置实体消隐后的网格线密度

启动 HIDE 命令，结果如图 21-13 所示。

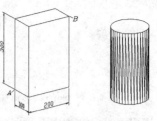

图21-13　创建长方体及圆柱体

21.2.3　范例解析——拉伸或旋转二维对象形成实体

【练习21-6】　拉伸二维对象形成实体及曲面。

1. 打开素材文件 "21-6.dwg"。

2. 将图形 A 创建成面域，再将连续线 B 编辑成一条多段线，如图 21-14 所示。

3. 用 EXTRUDE 命令拉伸面域及多段线，形成实体和曲面。单击【建模】工具栏或三维制作
控制台的 按钮，启动 EXTRUDE 命令。

命令: _extrude

选择要拉伸的对象: 找到 1 个　　　　　　　　//选择面域

选择要拉伸的对象:　　　　　　　　　　　　//按 Enter 键

指定拉伸的高度或 [方向(D)/路径(P)/倾斜角(T)] <262.2213>: 260

　　　　//输入拉伸高度

命令:EXTRUDE　　　　　　　　　　　　　　//重复命令

选择要拉伸的对象: 找到 1 个　　　　　　　　//选择多段线

选择要拉伸的对象:　　　　　　　　　　　　//按 Enter 键

指定拉伸的高度或 [方向(D)/路径(P)/倾斜角(T)] <260.0000>: p

　　　　//使用 "路径(P)" 选项

选择拉伸路径或 [倾斜角]:　　　　　　　　//选择样条曲线 C

结果如图 21-14 右图所示。

【练习21-7】　旋转二维对象形成实体。

1. 打开素材文件 "21-7.dwg"，单击【建模】工具栏或三维制作控制台上的 按钮，启动
REVOLVE 命令。

命令: _revolve

选择要旋转的对象: 找到 1 个　//选择要旋转的对象，该对象是面域，如图 21-15 左图所示

选择要旋转的对象:　　　　　　　　　　　　　　　　　//按 Enter 键

指定轴起点或根据以下选项之一定义轴 [对象(O)/X/Y/Z] <对象>: //捕捉端点 A

指定轴端点:　　　　　　　　　　　　　　　　　//捕捉端点 B

指定旋转角度或 [起点角度(ST)] <360>: st　　　　//使用 "起点角度(ST)" 选项

指定起点角度 <0.0>: -30　　　　　　　　　　//输入回转起始角度

指定旋转角度 <360>: 210　　　　　　　　　　//输入回转角度

2. 再启动 HIDE 命令，结果如图 21-15 右图所示。

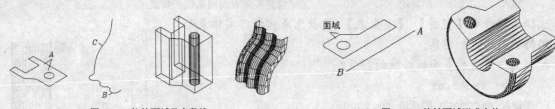

图21-14　拉伸面域及多段线　　　　　　　图21-15　旋转面域形成实体

要点提示　若拾取两点指定旋转轴，则轴的正向是从第一点指向第二点，旋转角的正方向按右手螺旋法则确定。

21.2.4　范例解析——利用布尔运算构建复杂实体模型

【练习21-8】　利用布尔运算创建支撑架的实体模型，如图21-16所示。

1.　创建一个新图形。
2.　选择菜单命令【视图】/【三维视图】/【东南等轴测】选项，切换到东南轴测视图。在 *xy* 平面绘制底板的轮廓形状，并将其创建成面域，如图21-17所示。

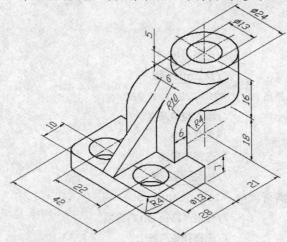

图21-16　创建实体模型

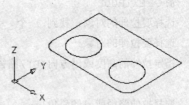

图21-17　创建面域

3.　拉伸面域形成底板的实体模型，如图21-18所示。
4.　建立新的用户坐标系，在 *xy* 平面内绘制弯板及三角形筋板的二维轮廓，并将其创建成面域，如图21-19所示。
5.　拉伸面域 *A*、*B*，形成弯板及筋板的实体模型，如图21-20所示。

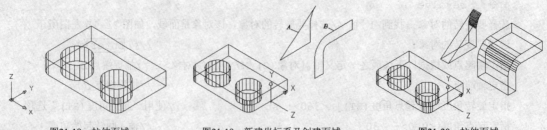

图21-18　拉伸面域　　　　图21-19　新建坐标系及创建面域　　　　图21-20　拉伸面域

6.　用 MOVE 命令将弯板及筋板移动到正确的位置，如图21-21所示。
7.　建立新的用户坐标系，如图21-22左图所示，再绘制两个圆柱体，如图21-22右图所示。

8. 合并底板、弯板、筋板及大圆柱体，使其成为单一实体，然后从该实体中去除小圆柱体，结果如图 21-23 所示。

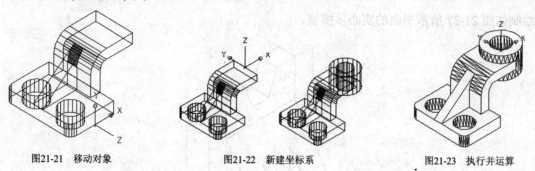

图21-21 移动对象　　　　　　　图21-22 新建坐标系　　　　　　图21-23 执行并运算

21.2.5 课堂练习

【练习21-9】 绘制如图 21-24 所示的实体模型。

【练习21-10】 绘制如图 21-25 所示的实体模型。

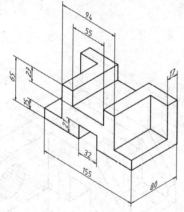

图21-24 创建实体模型（1）

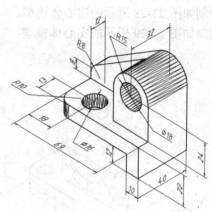

图21-25 创建实体模型（2）

【练习21-11】 绘制如图 21-26 所示的实体模型。

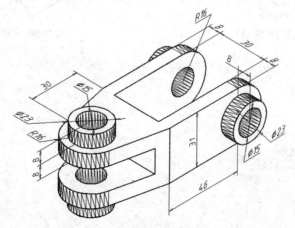

图21-26 创建实体模型（3）

21.3   课后作业

1.   绘制如图 21-27 所示平面的实心体模型。

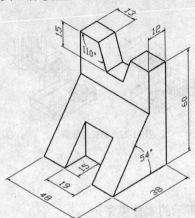

图21-27   创建实体模型（1）

2.   绘制如图 21-28 所示的实心体模型。
3.   绘制如图 21-29 所示的实心体模型。

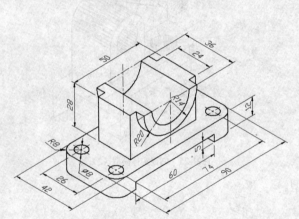

图21-28   创建实体模型（2）

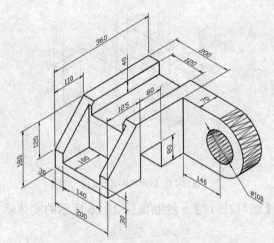

图21-29   创建实体模型（3）

第 **22** 讲

编辑三维模型

【学习目标】

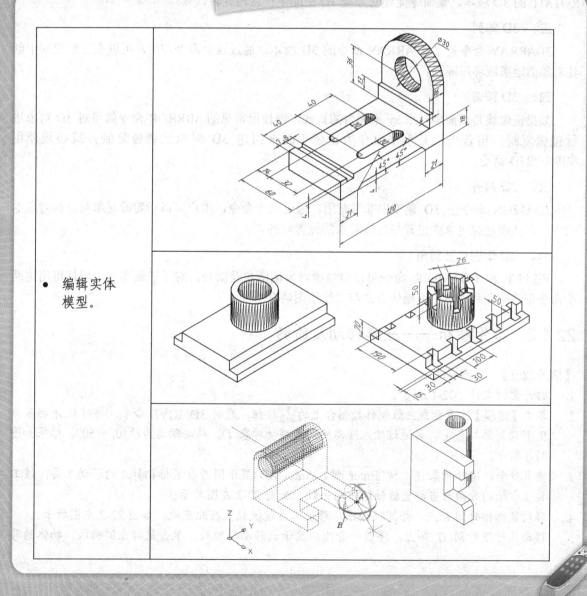

- 编辑实体模型。

22.1　调整三维模型位置及阵列、镜像三维对象

本节介绍移动、旋转、阵列及镜像三维对象的方法。

22.1.1　知识点讲解

一、3D 移动

可以使用 MOVE 命令在三维空间中移动对象，操作方式与在二维空间时一样，只不过当通过输入距离来移动对象时，必须输入沿 x、y、z 轴的距离值。

AutoCAD 提供了专门用来在三维空间中移动对象的命令 3DMOVE，3DMOVE 命令的操作方式与 MOVE 命令类似，但前者使用起来更形象、直观。

二、3D 旋转

使用 ROTATE 命令仅能使对象在 xy 平面内旋转，即旋转轴只能是 z 轴。3DROTATE 命令是 ROTATE 的 3D 版本，该命令能使对象绕 3D 空间中任意轴旋转。

三、3D 阵列

3DARRAY 命令是二维 ARRAY 命令的 3D 版本。通过这个命令，用户可以在三维空间中创建对象的矩形或环形阵列。

四、3D 镜像

如果镜像线是当前坐标系 xy 平面内的直线，则使用常见的 MIRROR 命令就可对 3D 对象进行镜像复制。但若想以某个平面作为镜像平面来创建 3D 对象的镜像复制，就必须使用 MIRROR3D 命令。

五、3D 对齐

3DALIGN 命令在 3D 建模中非常有用，通过这个命令，用户可以指定源对象与目标对象的对齐点，从而使源对象的位置与目标对象的位置对齐。

六、3D 倒圆角及斜角

FILLET 和 CHAMFER 命令可以对二维对象倒圆角及斜角。对于三维实体，同样可用这两个命令创建圆角和斜角，但操作方式与二维绘图略有不同。

22.1.2　范例解析——三维移动及旋转

【练习22-1】　三维移动。

1. 打开素材文件"22-1.dwg"。
2. 单击【建模】工具栏或三维制作控制台上的 按钮，启动 3DMOVE 命令，将对象 A 由基点 B 移动到第二点 C，再通过输入距离的方式移动对象 D，移动距离为"40，–50"，结果如图 21-1 所示。
3. 重复命令，选择对象 E，按 Enter 键，AutoCAD 显示附着在鼠标指针上的移动工具，该工具 3 个轴的方向与当前坐标轴的方向一致，如图 22-2 左图所示。
4. 移动鼠标指针到 F 点，并捕捉该点，移动工具就被放置在此点处，如图 22-2 左图所示。
5. 移动鼠标指针到 G 轴上，停留一会儿，显示出移动辅助线。单击鼠标左键确认，物体的移

动方向被约束到与轴的方向一致。

6. 若将鼠标指针移动到两轴间的短线处，停住直至两条短线变成黄色，则表明移动被限制在两条短线构成的平面内。

7. 移动方向确定后，输入移动距离 50，结果如图 22-2 右图所示。也可通过单击一点移动对象。

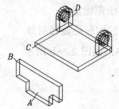

图22-1 移动对象

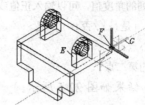 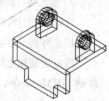

图22-2 移动对象 E

【练习22-2】 三维旋转。

1. 打开素材文件"22-2.dwg"。

2. 单击【建模】工具栏或三维制作控制台上的 ⊕ 按钮，启动 3DROTATE 命令，选择要移动的对象，按 Enter 键，AutoCAD 显示附着在鼠标指针上的旋转工具，如图 22-3 左图所示，该工具包含表示旋转方向的 3 个辅助圆。

3. 移动鼠标指针到 A 点处，并捕捉该点，旋转工具就被放置在此点，如图 22-3 左图所示。

4. 将鼠标指针移动到圆 B 处，停住鼠标指针直至圆变为黄色，同时出现以圆为回转方向的回转轴，单击鼠标左键确认。回转轴与当前坐标系的坐标轴是平行的，且轴的正方向与坐标轴正向一致。

5. 输入回转角度值"-90°"，结果如图 22-3 右图所示。角度正方向按右手螺旋法则确定，也可单击一点指定回转起点，然后再单击一点指定回转终点。

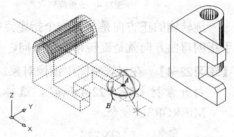

图22-3 旋转对象

22.1.3 范例解析——3D 阵列、镜像、对齐及倒角

【练习22-3】 在三维空间中阵列对象。

打开素材文件"22-3.dwg"，选择菜单命令【修改】/【三维操作】/【三维阵列】，启动 3DARRAY 命令。

```
命令：_3darray
选择对象：找到 1 个                        //选择要阵列的对象，如图 22-4 所示
选择对象：                                //按 Enter 键
输入阵列类型 [矩形(R)/环形(P)] <矩形>：    //指定矩形阵列
输入行数 (---) <1>：2                     //输入行数，行的方向平行于 x 轴
输入列数 (|||) <1>：3                     //输入列数，列的方向平行于 y 轴
输入层数 (...) <1>：3                     //指定层数，层数表示沿 z 轴方向的分布数目
指定行间距 (---)：50                       //输入行间距，如果输入负值，阵列方向将沿 x 轴反方向
指定列间距 (|||)：80                       //输入列间距，如果输入负值，阵列方向将沿 y 轴反方向
指定层间距 (...)：120                      //输入层间距，如果输入负值，阵列方向将沿 z 轴反方向
```

启动 HIDE 命令，结果如图 22-4 所示。

如果选择"环形(P)"选项，就能建立环形阵列，AutoCAD 提示如下。

输入阵列中的项目数目：6　　　　　　　　　　//输入环形阵列的数目

指定要填充的角度（+=逆时针，-=顺时针）<360>：

//输入环行阵列的角度值，可以输入正值或负值，角度正方向由右手螺旋法则确定

旋转阵列对象？[是(Y)/否(N)]<是>：　　　　　//按 Enter 键，则阵列的同时还旋转对象

指定阵列的中心点：　　　　　　　　　　　　//指定旋转轴的第一点 A，如图 22-5 所示

指定旋转轴上的第二点：　　　　　　　　　　//指定旋转轴的第二点 B

启动 HIDE 命令，结果如图 22-5 所示。

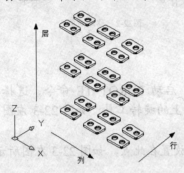
图22-4　三维阵列

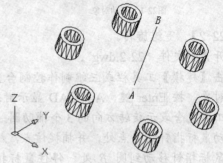
图22-5　环形阵列

旋转轴的正方向是从第一个指定点指向第二个指定点，沿该方向伸出大拇指，则其他 4 个手指的弯曲方向就是旋转角的正方向。

【练习22-4】　在三维空间中镜像对象。

打开素材文件"22-4.dwg"，选择菜单命令【修改】/【三维操作】/【三维镜像】，启动 MIRROR3D 命令。

命令：_mirror3d

选择对象：找到 1 个　　　　　　　　　　　//选择要镜像的对象

选择对象：　　　　　　　　　　　　　　　//按 Enter 键

指定镜像平面（三点）的第一个点或[对象(O)/最近的(L)/Z 轴(Z)/视图(V)/XY 平面(XY)/YZ 平面(YZ)/ZX 平面(ZX)/三点(3)]<三点>：

//利用 3 点指定镜像平面，捕捉第一点 A，如图 22-6 所示

在镜像平面上指定第二点：　　　　　　　　//捕捉第二点 B

在镜像平面上指定第三点：　　　　　　　　//捕捉第三点 C

是否删除源对象？[是(Y)/否(N)]<否>：　　//按 Enter 键不删除源对象

结果如图 22-6 右图所示。

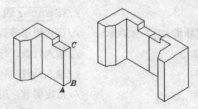
图22-6　三维镜像

【练习22-5】　练习 3DALIGN 命令。

打开素材文件 "22-5.dwg"，单击【建模】工具栏的 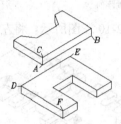 按钮，启动 3DALIGN 命令。

命令: _3dalign

选择对象: 找到 1 个   //选择要对齐的对象

选择对象: //按 Enter 键

指定基点或 [复制(C)]:   //捕捉源对象上的第一点 A，如图 22-7 左图所示

指定第二个点或 [继续(C)] <C>: //捕捉源对象上的第二点 B

指定第三个点或 [继续(C)] <C>: //捕捉源对象上的第三点 C

指定第一个目标点: //捕捉目标对象上的第一点 D

指定第二个目标点或 [退出(X)] <X>: //捕捉目标对象上的第二点 E

指定第三个目标点或 [退出(X)] <X>: //捕捉目标对象上的第三点 F

结果如图 22-7 右图所示。

图22-7　三维对齐

【练习22-6】　在 3D 空间倒圆角及斜角。

打开素材文件 "22-6.dwg"，用 FILLET、CHAMFER 命令给 3D 对象倒圆角及斜角。

命令: _fillet

选择第一个对象或 [放弃(U)/多段线(P)/半径(R)/修剪(T)/多个(U)]:

                             //选择棱边 A，如图 22-8 所示

输入圆角半径 <10.0000>: 15   //输入圆角半径

选择边或 [链(C)/半径(R)]:   //选择棱边 B

选择边或 [链(C)/半径(R)]:   //选择棱边 C

选择边或 [链(C)/半径(R)]:   //按 Enter 键结束

命令: _chamfer

选择第一条直线或 [放弃(U)/多段线(P)/距离(D)/角度(A)/修剪(T)/ 方式(M)/多个(U)]:

                             //选择棱边 E，如图 22-8 所示

基面选择...   //选择平面 D，该面是倒角基面

输入曲面选择选项 [下一个(N)/当前(OK)] <当前>: //按 Enter 键

指定基面的倒角距离 <15.0000>: 10   //输入基面内的倒角距离

指定其他曲面的倒角距离 <10.0000>: 30 //输入另一平面内的倒角距离

选择边或[环(L)]:   //选择棱边 E

选择边或[环(L)]:   //选择棱边 F

选择边或[环(L)]:   //选择棱边 G

选择边或[环(L)]:   //选择棱边 H

选择边或[环(L)]:   //按 Enter 键结束

结果如图 22-8 所示。

图22-8　倒圆角及斜角

22.1.4 课堂练习

【练习22-7】 打开素材文件"22-7.dwg"，如图 22-9 左图所示。将左图修改为右图。

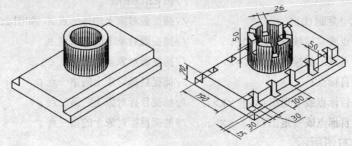

图22-9 三维阵列

【练习22-8】 打开素材文件"22-8.dwg"，如图 22-10 左图所示。将左图修改为右图。

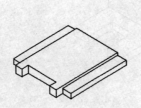

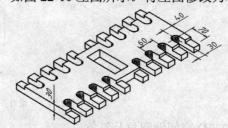

图22-10 三维镜像

22.2 编辑实体的表面

本节介绍编辑实体的表面的方法。

22.2.1 知识点讲解

一、 拉伸面

AutoCAD 可以根据指定的距离拉伸面或将面沿某条路径进行拉伸。拉伸时，如果是输入拉伸距离值，那么还可输入锥角，这样将使拉伸所形成的实体锥化。

二、 旋转面

通过旋转实体的表面就可改变面的倾斜角度，或将一些结构特征如孔、槽等旋转到新的方位。

三、 压印

压印（Imprint）可以把圆、直线、多段线、样条曲线及面域等对象压印到三维实体上，使其成为实体的一部分。用户必须使被压印的几何对象在实体表面内或与实体表面相交，压印操作才能成功。压印后，AutoCAD 将创建新的表面，该表面以被压印的几何图形及实体的棱边作为边界，用户可以对生成的新面进行拉伸和旋转等操作。如图 22-11 所示，将圆压印在实体

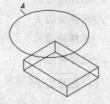

图22-11 压印

上，并将新生成的面向上拉伸。

四、抽壳

可以利用抽壳的方法将一个实体模型生成一个空心的薄壳体。在使用抽壳功能时，用户要先指定壳体的厚度，然后 AutoCAD 把现有的实体表面偏移指定的厚度值以形成新的表面，这样，原来的实体就变为一个薄壳体。如果指定正的厚度值，AutoCAD 就在实体内部创建新面，否则，在实体的外部创建新面。另外，在抽壳操作过程中还能将实体的某些面去除，以形成开口的薄壳体。

22.2.2　范例解析——拉伸及旋转实体表面

【练习22-9】　拉伸面。

1. 打开素材文件 "22-9.dwg"，利用 SOLIDEDIT 命令拉伸实体表面。
2. 单击【实体编辑】工具栏上的 按钮，AutoCAD 主要提示如下。

　　　　命令: _solidedit
　　　　选择面或 [放弃(U)/删除(R)]: 找到一个面。　　　//选择实体表面 A，如图 22-12 所示
　　　　选择面或 [放弃(U)/删除(R)/全部(ALL)]:　　　//按 Enter 键
　　　　指定拉伸高度或 [路径(P)]: 50　　　　　　　//输入拉伸的距离
　　　　指定拉伸的倾斜角度 <0>: 5　　　　　　　　//指定拉伸的锥角
结果如图 22-12 所示。

图22-12　拉伸实体表面

【练习22-10】　旋转面。

1. 打开素材文件 "22-10.dwg"，利用 SOLIDEDIT 命令旋转实体表面。
2. 单击【实体编辑】工具栏上的 按钮，AutoCAD 主要提示如下。

　　　　命令: _solidedit
　　　　选择面或 [放弃(U)/删除(R)]: 找到一个面。 //选择表面 A
　　　　选择面或 [放弃(U)/删除(R)/全部(ALL)]:　　//按 Enter 键
　　　　指定轴点或 [经过对象的轴(A)/视图(V)/X 轴(X)/Y 轴(Y)/Z 轴(Z)] <两点>:
　　　　　　　　　　　　　　　　　　　　　//捕捉旋转轴上的第一点 D，如图 22-13 所示
　　　　在旋转轴上指定第二个点:　　　　　　　//捕捉旋转轴上的第二点 E
　　　　指定旋转角度或 [参照(R)]: -30　　　　//输入旋转角度
继续将槽的表面旋转90°，结果如图 22-13 所示。

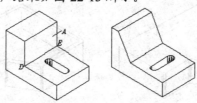

图22-13　旋转实体表面

22.2.3 范例解析——压印几何对象并拉伸实体表面

【练习22-11】 压印。

1. 打开素材文件 "22-11.dwg"。单击【实体编辑】工具栏上的 按钮，AutoCAD 主要提示如下。

选择三维实体：	//选择实体模型
选择要压印的对象：	//选择圆 A，如图 22-14 所示
是否删除源对象？ <N>: y	//删除圆 A
选择要压印的对象：	//按 Enter 键

2. 单击 按钮，AutoCAD 主要提示如下。

选择面或 [放弃(U)/删除(R)]：找到一个面。	//选择表面 B
选择面或 [放弃(U)/删除(R)/全部(ALL)]：	//按 Enter 键
指定拉伸高度或 [路径(P)]: 10	//输入拉伸高度
指定拉伸的倾斜角度 <0>:	//按 Enter 键

结果如图 22-14 所示。

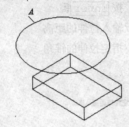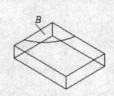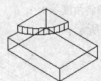

图22-14 压印

22.2.4 范例解析——抽壳

【练习22-12】 抽壳。

1. 打开素材文件 "22-12.dwg"，利用 SOLIDEDIT 命令创建一个薄壳体。

2. 单击【实体编辑】工具栏上的 按钮，AutoCAD 主要提示如下。

选择三维实体：	//选择要抽壳的对象
删除面或 [放弃(U)/添加(A)/全部(ALL)]：找到一个面，已删除 1 个	
	//选择要删除的表面 A，如图 22-15 左图所示
删除面或 [放弃(U)/添加(A)/全部(ALL)]：	//按 Enter 键
输入抽壳偏移距离: 10	//输入壳体厚度

结果如图 22-15 右图所示。

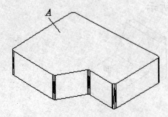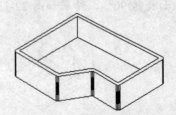

图22-15 压印

22.2.5　课堂练习

【练习22-13】　打开素材文件"22-13.dwg"，如图 22-16 左图所示。通过编辑实体表面，将左图修改为右图。

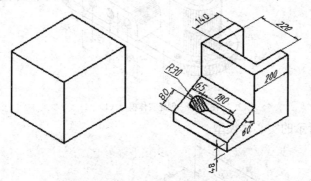

图22-16　编辑实体表面

【练习22-14】　绘制如图 22-17 左图所示立体的实心体模型，右图是该模型截面的形状和尺寸。

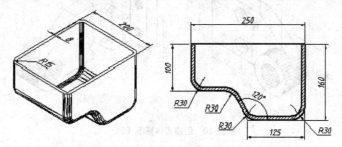

图22-17　抽壳

【练习22-15】　利用编辑实体表面的方法创建实体模型，如图 22-18 所示。

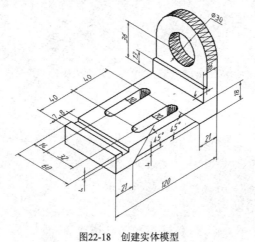

图22-18　创建实体模型

22.3　课后作业

1.　绘制如图 22-19 所示的实体模型。

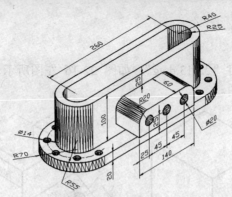

图22-19　创建实体模型（1）

2. 绘制如图 22-20 所示的实心体模型。

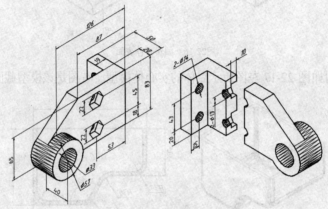

图22-20　创建实体模型（2）